轻松搞定智能家居

——基于 UPB、INSTEON、X10 和 Z-Wave 的实现

[美] 丹尼斯 C. 布莱尔 （Dennis C. Brewer） 著

郭文兰 纪 颖 张 宏 等译

U0213835

机械工业出版社

本书以作者的亲身实践经历，向有志于搭建智能家居系统的技术爱好者、发烧友，特别是那些想自己动手实现智能家居梦想的朋友，全面介绍了实现智能家居系统的理论基础及技术细节，使得那些即使没有多少理论基础和实践经验的读者，通过本书的阅读以及有限的投资，可以在不改变现有家居设施及布线的基础上，也能够按照自己的理想和需要，顺利搭建一套功能全面、高度自动化的家居自动控制系统。

本书适合于对于智能家居系统有着执着追求的人士、智能家居爱好者阅读，对于智能家居从业人员、系统设计人员也有一定的指导意义。

图书在版编目（CIP）数据

轻松搞定智能家居：基于 UPB、INSTEON、X10 和 Z-Wave 的实现/（美）丹尼斯·C.布莱尔（Dennis C. Brewer）著；郭文兰等译. —北京：机械工业出版社，2017.3

书名原文：Home Automation Made Easy：Do It Yourself Know How Using UPB, Insteon, X10 and Z-Wave

ISBN 978-7-111-56152-1

Ⅰ. ①轻…　Ⅱ. ①丹…②郭…　Ⅲ. ①住宅 – 智能化建筑　Ⅳ. ①TU241

中国版本图书馆 CIP 数据核字（2017）第 033634 号

机械工业出版社（北京市百万庄大街22号　邮政编码100037）
策划编辑：任　鑫　责任编辑：任　鑫
责任校对：佟瑞鑫　封面设计：鞠　杨
责任印制：李　飞
北京汇林印务有限公司印刷
2017 年 4 月第 1 版第 1 次印刷
184mm×240mm·14.25 印张·309 千字
0001—3000 册
标准书号：ISBN 978-7-111-56152-1
定价：59.00 元

凡购本书，如有缺页、倒页、脱页，由本社发行部调换
电话服务　　　　　　　　　　　网络服务
服务咨询热线：010-88361066　　机工官网：www.cmpbook.com
读者购书热线：010-68326294　　机工官博：weibo.com/cmp1952
　　　　　　　010-88379203　　金书网：www.golden-book.com
封面无防伪标均为盗版　　　　　教育服务网：www.cmpedu.com

译者的话

本书的作者丹尼斯 C. 布莱尔（Dennis C. Brewer）是电气电子及计算机领域一位资深的专家。自幼年时他就表现出了对技术的兴趣和追求，并通过不断学习和实践，开启了其独特的职业生涯，最终成为一名经验丰富的技术专家，同时也是一名专业的技术作家。其作品涵盖了卫星电视系统、数字化家居、信息安全等领域，并以其较强的实践性，深受广大读者的欢迎。

在本书中，作者力图以自己亲身实践经历，向有志于搭建智能家居系统的技术爱好者、发烧友，特别是那些想自己动手实现自己智能家居梦想的朋友，全面介绍实现智能家居系统的理论基础及技术细节，使得那些即使没有多少理论基础和实践经验的读者，通过本书的阅读及有限的投资，在不改变现有家居设施及布线的基础上，也能够按照自己的理想和需要顺利搭建一套功能全面、具有高度自动化功能的家居自动控制系统。该系统的搭建不仅能够帮助发烧友实现自己的梦想，同时还能给我们的生活带来极大的方便，特别是那些经常出差的朋友，以及那些因身体残疾而行动不便的人士，更是具有特别重要的意义。

本书从家居布线及相关的电气基础开始，向读者介绍一些必要的技术术语以及电气安全常识，然后详细介绍了作为智能家居平台的 Windows 计算机配置及安装细节，使得读者能够全面了解计算机的各种需求，解决实践中可能遇到的各种问题，做到全面了解，心中有数。在此基础上，作者又进一步介绍了智能家居的原理和相关控制协议，并为搭建智能家居系统量身定制了 10 个由易到难、循序渐进的实际项目，包括系统软件 HALbasic

的安装，电器、照明和设备的控制，室内及室外照明控制，家居视频监控，系统软件到 HALultra 的升级，智能家居语音门户的安装，实现绿色家居环境，Z-Wave、INSTEON 等新控制器与接口的安装，家居娱乐中心音乐管理的自动化，通过 Internet 使用智能家居平台等。通过这些项目，作者以亲身经历向读者详细、系统地介绍了智能家居系统搭建中的各种技术细节和技术问题，使得读者能够一步一步地轻松掌握智能家居相关所有技术内容，最终能够将家居中的照明、暖通、空调、安防监控以及通信、娱乐等所有相关设施和事务都集中在智能家居系统中，并最终能够通过 Internet 以及手机移动终端实现家居的远程和移动管理，最终实现安全、高效，节能、环保的绿色家居环境。

随着电子技术、计算机技术，特别是物联网技术的发展，现代智能家居系统正在走进每一个普通家庭，智能家居系统作为智能家居系统的核心和基础必将受到越来越多的重视。相信本书的翻译出版，将给众多的技术爱好提供一本内容实用、详尽的参考书，为读者的技术实践和技术创新提供一个良好的参考和借鉴。

本书的绪论由王卫兵翻译，第 1、2、15 章由徐倩翻译，第 3 ~6、16 章由纪颖翻译，第 7、9 ~14 章由郭文兰翻译，第 8 章由张宏翻译。全书由王卫兵统稿。由于时间的原因，加之译者能力所限，翻译中的不足和错误之处在所难免，敬请广大读者批评指正。

译者

于哈尔滨

2016 年 10 月

作者简介

丹尼斯 C. 布莱尔是一个执着的技术狂，自进入密歇根卡柳梅特华盛顿中学起，即开始接触电气与电子项目。在其早期的技术生涯中就获得了美国联邦通信委员会 FCC 颁发的商业无线电广播工程师执照，并以此成为密歇根汉考克 WMPL AM/FM 发射台的独立运行工程师。随后，在其晋升为年轻的内部通信首席电气技师职位时，丹尼斯进入密歇根理工大学 (MTU) 开始攻读理学学士学位，同时加入密歇根陆军国民警卫队，并以一级中士的身份成为密歇根理工大学陆军后备军官训练团学员。毕业后他被授予了其人生中的首个中尉军衔，并成为美国陆军后备役作战工程师。其正式职业为密歇根州政府雇员，以计算机技术专家的身份先后供职于密歇根州军事和退伍军人事务部、预算管理部、信息技术部。在 12 年的密歇根州政府职业生涯中，布莱尔先生作为 Novell (CNE) 网络工程师以及信息技术专家，先后从事硬件制作与实施、网络管理与故障排除、政府机构的咨询与规划服务、企业级标准建立和过程实现、数据安全以及身份管理等工作，积累了丰富的技术经验。从州政府退休后，丹尼斯仍然以一个技术作家和独立顾问的身份，继续追寻自己的技术梦想。

主要著作如下：

1) *Build Your Own Free - to - Air (FTA) Satellite TV System*, Dennis C. Brewer (McGraw - Hill: Nov 8, 2011)。

2) *Wiring Your Digital Home For Dummies*, Dennis C. Brewer 和 Paul A. Brewer (For Dummies/Wiley: Oct 9, 2006)。

3）*Security Controls for Sarbanes-Oxley Section 404 IT Compliance: Authorization, Authentication, and Access*，Dennis C. Brewer (Wiley: Oct 21, 2005)。

4）*Picture Yourself Networking Your Home or Small Office*，Dennis C. Brewer (Course Technology PTR: Dec 2, 2008)。

5）*Green My Home!: 10 Steps to Lowering Energy Costs and Reducing Your Carbon Footprint*，Dennis C. Brewer (Kaplan Publishing: Oct 7, 2008)。

布莱尔先生在杂志写作方面的声望主要包括以下几个主题：灾难恢复，充足安全性定义，免费卫星电视以及 Sarbanes-Oxley 控制等。

有关作者的更多信息及其目前的技术和写作项目，请访问 http://www. DennisC Brewer. info。

致　谢

　　在此，我要特别感谢那些在我上学时给予了我积极影响的每一个人，诸如我的老师、教授等，是他们最终使我成为一个作家和一个具有批判思维的人。虽然这样的人有很多，但是对我影响最大和记忆最深的却只有那么几个，这其中的第一位就是我的妈妈 Vema W. (Sembla) Brewer [1910-2006]。在我很小，还坐在她腿上的时候，她就教我读了几页《Daily Mining Gazette》。我的父亲 Leslie Brewer [1903-1951]，是他的奉献，才保证了我在家里就能读到大量的文学名著。时间飞逝，当我长大进入密歇根理工大学 (MTU)，我要感谢我认识的一个人——Arlene Jara Strickland。在我们刚入学时所开设的人类学课程中，Strickland 是我的授课老师，是他首次对我零星的写作给予了真诚、积极和建设性的反馈和指导。我还要感谢 George Love 教授 (MTU)，他教我在英语语言中如何善于发现和全面领会一个单词所具有的全部社交能量。我还要将我的真诚感谢给予 Melissa Ford Lucken，她为我提供了一个关于创新写作的走读大学课程，并且教会我如何深刻剖析一个好的故事，告诉我一部好的书必须具备的内容和元素，她是我作家生涯中一个不仅精通写作技巧，而且是一个学识渊博的具体典范。

　　我还要感谢的是那些从很多不同的方面促成了本书的成功出版的人，也包括本书将要面向的那些读者。这其中有供职于 Waterside Productions 公司的我的助手 Carole Jelen，本书的技术编辑、Home Automated Living 公司的 CEO Tim Schriver，本书的市场编辑 Rick Kughen，是他让我们了解了本书的市场需求。最后，还要对 Pearson/Que 的编辑和产品团队的全体人员表示大力的感谢，是他们将我粗糙的文稿变成了一本精美的图书。这其中包括，项目编辑 Mandie Frank、开发编辑 Todd Brakke 及 Brandon Cackowski-Schnell、复制编辑 Cheri Clark、印刷 Jake McFarland、校读 Debbie Williams 等。

目　录

绪　论

　　"智能家居"或者是"自动化家居"这一术语，对每一个读者来说可能对会有不同的理解。有些房屋的所有者可能会认为使用诸如定时器之类的分离设备来控制一盏照明灯就是智能家居。也有人会认为智能家居是一种托管服务，就像一个虚拟的"大哥哥"，监控家里的一切事务，在必要的时候还能进行调控和干预。也有人会将智能家居想象为一种高端的系统，在那里，虚拟的男仆会处理所有重复、琐碎的家务活儿。这些理解和想象其实都是正确的，但是本书的目的是帮助 DIY 爱好者们利用计算机软件所提供的人工智能来管理一系列可控的任务，从而在现有的技术条件下，轻松实现智能家居。通过本书所给出的项目，将能够使得 DIY 爱好者们有机会将其家居阶跃性地升级到高端的智能家居系统，并且在时间和投资允许时再加以扩展。

　　在美国，大约有四百万家居正在使用不同程度的半集成或完全集成的智能家居系统的功能。

　　对于消费者来说，这些功能变得可用还是一个非常新鲜的事物。既然我们可以使用语音来控制电话，那为什么不能用它来控制我们整个的家居呢？

　　几十年以来，我们就能够，甚至是便利地采用分离的、非集中的手段遥控控制那些诸如照明灯、恒温器等分离设备。尽管这些分离的自动化设备为我们带来了便利，减轻了许多负担，但是即使是一个微小的调整也需要用户的参与并且需要具有足够的知识以做出相应的改变。因此这样的控制方式还是存在诸多的不便。过去，由于没有一个能够广泛解决消费者所能想到的每一个任务的标准解决方案，消费者对智能家居技术的应用并没有表现出多大的热情。

　　采用本书所介绍的项目，实现 21 世纪的智能家居，可以克服上述采用分离遥控设备所带来的弊端，实现对家居内几乎所有固定设施、设备及装置的完全自动化、高水准控制。这种控制方式的最大优点在于，其控制平台是集中的和可扩展的，并且几乎与当今所有最先进的控制技术相衔接。

集成智能家居平台的价值所在

智能家居不再是所谓的技术密集和高技术的代名词了。如今，任何一个普通的人，只需要花费几百美元和一些时间，就可以通过 Windows 计算机将智能家居技术引入到他们的生活。为什么要采用智能家居呢？采用它究竟有什么好处呢？当你阅读本书时，你会发现，采用它的好处不仅数量很多，而且范围很广。

位置与时间问题的解决

你是否曾经有过在你出门度假一周时，仍然希望你的家看起来是有人居住的需求？对于这种需求来说，之前的解决方案是采用一盏照明灯，并且用一个定时开关来控制它，使得照明灯能够按照预先设定的时间来点亮和熄灭。经过几天的时间，这种例行的打开和关闭就会被一些心怀不良企图的人观察到，从而使得家居处于危险境地，因而这种方法对于那些试图入侵或闯入家居的人起不到多少心理上的威慑作用。实际上，传统的控制是很难应对家居无人时所遇到的问题的，智能家居却允许你在世界上任何一个地方来实现家居环境的多方位的管理，并且只需要通过电话或手机的通信服务，说一句简单的语音指令就可以实现。

最大程度的方便性

虽然有一些人士并不在意事必躬亲地操作家中的每一件家庭琐事，但是大多数人还是想做到尽可能的便利，以节省时间。在安装智能家居平台后，你甚至可以控制家中几乎所有的电器和电子便利设施，与家居相关的安全系统、供排水系统、娱乐系统以及更多的功能均可以很方便地通过编制好的例行程序进行控制，并且在必要时这些例行控制程序还可以根据某些事件或语音指令作进行相应的调整和修改。

给人带来惊喜的程度

如果你在邻里中是第一个实现家居自动控制的，那么家居自动控制所带来的乐趣一定会超过你在这个区域中第一个安装家居影院时的情形，这个技术将带给那些仅从电视中才见识过它的人们带来极大的惊奇和兴奋。只要想象一下，当你只是简单地说出了诸如"打开客厅电视"或者"客厅电视切换到天气频道"等指令，片刻之间它们真的就发生了，这将给你的客人带来多大的震撼、留下多么深刻的印象。但同时他们也会猜想，像这么酷且技术复杂的东西一定是非常昂贵而且是难以实现的。实际上，当你读过了这本书以后，你就会发现，实现智能家居既不昂贵也不困难。只要按照本书所介绍的项目来做，并且对一些细节和安全规则具有足够的细心，任何一个可以使用一副钳子和螺丝刀[⊖]，并且会操

⊖ 专业术语称为螺钉旋具，本书为了更为通俗易懂，后均用螺丝刀。

作计算机键盘的人，都可以很容易地在其家居或办公场所实现这些自动控制技术。

战胜身体的挑战

如果你是一个健全的成年人，你可能不能完全理解那些身体有残疾人士的难处，即使是像打开照明灯这样一个再简单不过的事情，对他们来说也是非常困难的。对于那些行走困难或行动不便的人士来说，如果能够生活在一个完全自动化的家居中，给他们带来的便利是毋庸置疑的。语音控制的智能家居将为他们带来效率，并增进其生活的独立性。

绿色发展（从现在开始减少能源消耗）

家居生活的所有基本活动都是需要直接或间接使用昂贵的能源的。每一个家居或家居人士的生活风格决定了一条能源消耗的基线，并且在家居或家居人士的生活习惯不做较大改变的情况下，这个基线是不会下降的。这个看似恒定的能源消耗通常也有相当一部分是可以通过智能家居的功能来更有效地进行管理的。

在自动化家居中，智能家居功能将直接或间接地影响能源的使用，从而使得能源消耗达到最小化。智能家居功能将确保家居的能源不会在不需要时做无谓的消耗。

安全和防护

智能家居所能够实现的最高级别的家居安全和防护远远超越了那种由定时器和照明灯所提供的仅仅是看起来有人居住的阶段。目前，智能手机和 Internet 可以被接入到智能家居的通信链路中，允许系统的控制来自于世界的任何一个地方，并且当任何异常出现时系统几乎实时地就能得到相应的反馈。

本书将怎样将自动化带进你的家中

本书是为一个智能家居新手而写的。

本书涵盖了从动手准备你的计算机进行智能家居软件安装之前的布线基础及安全规则，到安装 HALbasic 智能家居平台，并采用自动化软件来控制 X-10、UPB 及其他各种智能家居设备的全部内容。即使你完全不知道所有这一切的真正意思，那也不用担心，你一定能行的。当你完成了书中介绍的所有项目以后，借助于通信公司及宽带公司所提供的自动化服务，就可以从你的智能手机或平板电脑来触控你的家居了。

本书致力于使得那些普通的家居人士能够理解智能家居技术，并且提供了 10 个 DIY 项目的手把手的指导。

通过作为系统核心的控制软件 HAL（Home Automated Living），任何一个具有计算机的人，只需要有限的控制投入，即可以在自己的家居中动手实施所需的家居控制功能。本书的重点在于相关信息的收集、相应的零件/部件的组装以及智能家居项目的实施，并且衷心希望你能够通过对本书所提供项目的尝试想象和创新出更多的智能家居项目，在实现智能家居的过程中能够获得更多的乐趣。

HAL 软件的下载

你可以登录网站 http：//www. automatedliving. com/QueBasic. aspx，按照屏幕的指导，下载就可以了。

> **注　意**
>
> 这是有时间限制的　当给出一个富有挑战性的问题，需要你给出答案时，你只要 2min 时间来给出正确的答案。如果未能给出正确的答案你将被转到 HAL 主页中心开始。

关于 HALBasic

智能家居生活软件 HAL（Home Automated Living）为消费者提供家居的自由控制以及包括来自任何地方的通过语音、通过 Internet 控制的奇妙技术。

为了实现上述目标，HAL 以合理的价格提供了配套的软件和硬件产品，使得消费者能够在家居中实现与技术设施进行对话。这些技术设施不仅包括诸如照明、电器、安全防护和温度控制之类的传统设施，还包括诸如 IP 摄像头、数字音乐和能源管理硬件之类的新技术设施。

HAL 软件还能够开发现有计算机的潜能来实现家居控制。一旦 HAL 被安装到计算机，计算机就可以利用现有的家居墙内安装的电气布线或无线电波信号来提供一条信息高速公路，以向家居的各个地方发送控制指令。HAL 的这种安装是不需要进行额外的布线的，因此也是很方便和节省成本的。

HAL 的语音门户使得其应用也非常的方便。用户可以使用家居中任意一部电话机，然后按下#键，就可以通过语音告知 HAL 来做关闭餐厅照明灯或者关闭车库门之类的事情。用户与 HAL 之间的这种对话是双向的，使得 HAL 可以向用户确认其所请求的活动是否已经真正执行和完成。

HAL 已经将计算机变成了一个个人的语音门户。当你在较晚的深夜回家时，你可以提前通知 HAL 将大门前的照明灯打开。还有什么比这更方便的呢？有了 HAL，就可以在世界上的任何一个地方，通过任意一部电话，都可以将你的指令带进你的家居，并且就如同你自己在家一样来控制家居中的设施。除此之外，HAL 还会自动地收集 Internet 信息，以便在用户需要时加以使用，因此用户可以要求 HAL 为其阅读电子邮件，告知股票行情或者是报出电视里的体育比赛成绩表等。

HAL 所提供的家居控制是每一个人都能负担得起的。用户 HAL 产品，可以根据需要选择部署一个合适的功能集，或多或少，随心所欲。用户可以选择 HAL 的产品，以实现用户的控制需求，这些控制功能包括照明、电器、设备、电话、家居影院、安全防护以及 Internet 等。HAL 会按照你的生活习惯来安排你的家居。

HAL 的 HomeNet 网络访问接口不仅能允许实现远程家居控制，还能够实现用户与任何网络访问者的交互。HAL 还具有与 Android 及 Apple iOS 设备的接口，以供在任何地方来实施家居控制。

HAL 还有一个针对流行电视节目及网络的功能，这包括 Modern Marvels，Extreme Makeover，Oprah，Man Cave，Home & Garden TV，The Learning Channel 等。

HAL 也获得了众多的奖励和荣誉，如"Best of CES，""Mark of Excellence"等，同时也被号称为最酷的产品。

HAL 还被永久收录于 Smithsonian 研究院的研究成果集中，作为一个信息技术的创新成果。

第1章

家居布线和电气基础

本章的内容面向那些缺乏电气线路基础知识及工作经验的用户终端设备安装人员，向其介绍电气安全的基础，并对电气知识作一个简要的综述。通过本章的介绍，可使读者了解智能家居设备是如何通过家居布线来实现其自动控制功能的。尽管在一章的篇幅中不可能将家居涉及的所有电气细节都概括进来，但是通过本章所介绍的有关电气基本术语的理解，可以使读者能够充分应对本书后续章节所介绍的具体案例。

即使在你雇佣一个专业的电气承包商的情况下，如果你掌握了这方面的基础知识，也会提高你和承包商还有技术人员之间的沟通效率。花点时间来阅读本节也可以让你对现有的家居布线系统及自动控制功能的优势和劣势更加清晰明了。

1.1 安全提示

在操作带电设备时，要谨慎，要敬畏它，但不要害怕它。

无论进行何种与电有关的活动，操作之前恰当、正确的思考可以避免或最大限度地减少固有的风险。与电有关的工作是危险的，电可以杀死你、灼伤你、震颤你，甚至会引发心脏病，因此我们要敬畏它的力量。作为一个初学者，缺乏经验的新手，在接触任何导线或连接端子之前，均需要切断线路或设备的电源。

为了避免在操作电路和设备时受到伤害，在工程中的每一个任务中都要遵循以下4个安全步骤：

1）全面思考——问问自己可能会有什么样的操作错误，采取什么措施可以防范这类事情的发生，并尽量减小其影响。

2）风险预想——在每一个任务开始之前，充分想象操作的每个步骤，问问自己有哪些可能会做错的地方。

3）降低风险——在开始工作前，在头脑中思考一下可能会产生的所有错误操作，并采取措施去减少或者消除潜在的风险。

4）仔细衡量——三思而后行，在任务和子任务之间要花时间去评估你将要进行操作的安全级别。

作为一个业主，你会发现在你的房子里很少有需要进行带电操作的时候。在安装开关或者插座之前，通常都需要隔离你正在工作的电路，特别是在触摸导线或连接端子之前，更需要断开线路开关或者去除熔断器的熔丝，以确保电源的切断。

出于安全考虑，几乎所有的生产商都会警示，禁止在线路带电时进行设备的连接，同时也为了避免给正在安装的设备或开关造成潜在的损坏。

有几种方法可以尝试，以确定你将要进行工作的电路的断路器是否已经断开，或者熔断器的熔丝是否已经去除。例如，如果你要更换一个照明灯的开关，可以先用这个开关来点亮照明灯，然后再到熔断器盒或断路器盒断开断路器或者分别拆下熔断器的螺钉，直到照明灯熄灭。当你正确地识别并且断开了断路器后，还应该给它加上一个"断电"的标签，避免其他的人合上该断路器开关。用一块胶带将断路器固定在断开位置上，也可以防止其他人再把它接通。类似这样的方法也可以用来识别将要更换为一个控制设备的插座是否带电。先在插座上插入一个电气设备，并且打开它的电源开关，再到断路器盒断开断路器开关或者拆下熔断器螺钉，直到该设备断电。如果要验证你是否真正做对的话，可能还需要重复两次这个过程。另一种验证方法是在断开断路器开关的前后分别采用如图 1.1 所示的万用表来测量线路的电压：确定你已经关闭了断路器或熔断器。使用方法是，在你断开电路之前和之后分别测试电压：在断开了断路器安装盒内的开关的情况下，万用表的显示应为 0V。在测量时，将万用表的量程开关设置为 AC 250V，以适合电压的测量。在美国，家居线路的电压在 110～120V 之间。如果在万用表上采用过低的量程设置，会造成万用表的损坏，因此一定要使用正确的量程设置。

图 1.2 中显示，当把万用表的表笔插在插座上时，万用表读数为 117V。如果看到高于 120V 或者低于 90V 这样的不正常读数时，你需要找一个具有职业资格的专业人士来帮助你找出问题所在。同样地，如果你把一个表笔插在插座的零线端子（插座上较宽的端子）上，另一个表笔插在插座的圆形接地端子上时，万用表的电压显示必须为 0V。任何高于 0V 的读数均表明线路存在问题，此时你也需要找一位具有资质的专业电工来为你查出原因和解决问题。

如图 1.2 所示，万用表的表笔插在插座上，读数显示为 117V。在电路工作前，为确保安全，电压表读数应确保为 0V。当电路关闭或者标签显示为中断服务时，移除插座，用一个设备或者灯控插座去替换才是安全的操作。在之后的章节中，会对此过程的更多细节进行介绍。

如果你自己不喜欢做这类工作，可以聘请一个有资质的电工为你接线、安装新设备。在智能家居项目的整个时间内，保证自身的安全是你最重要的任务。

图 1.1   指针式万用表   图 1.2   注意万用表的读数为 AC117V

1.2 需要知道和理解的术语

商业术语对于一个刚入行的新人来说是首先需要掌握的，智能家居也不例外。由于家庭自动化（HA）项目的实施需要很多商业部件的支持，因此知晓和理解一些专业术语，对于计划和实施你的智能家居项目将是非常有益的。下面的介绍将是一个良好的开端，将一些 HA 术语加入到你的个人词库中。

最简单的，我们需要知道电流是通过电子在电路中的流动所形成的。当我们在谈论电流和电压时，其实是在说运动中的电子的数量（即电流）和电子在运动中所受到的压力（即电压）。为了使电子在物质内流动，该物质需要是导体。在你的家居布线中，最常见的导体是铜，但是在某些情况下，铝也会被使用。如果你将电子的流动想象为和水的流动很相似的话，那么你就可以很容易发现电流将流向哪里以及需要在什么条件来维持它的持续流动。

1.2.1 DC（直流电）

DC 为直流电的英文缩写。手电筒的电池、汽车的电池和手机的电池，存储和产生的都是直流电，它在导体内沿着一个固定的方向流动。直流电从电子富集的地方流向电子稀薄的地方，电池的两极分别提供电子的来源和目的地，其中一极有多余的电子，另一极的电子是稀薄的。在手电筒中，电子从负极开始流动，经过电灯泡，再流动到正极上，从而形成了回路。汽车电池和其他的可充电电池在充电过程中，还可以强制电子按相反的方向流动，从而在负极板上重新留有富集的电子，使得充电电池能够再次被当作电源使用。随着时间的推移，充电电池的电极在使用过程中被腐蚀，将不再能够完全充电。如果你用示波器观察直流电的图像，你将会发现在屏幕上出现一条电压高于0V的稳定直线，如图1.3所示。

1.2.2　AC（交流电）

AC是交流电的英文缩写。发电厂通过交流发电机向你的房子提供电力。不像来自电池的直流电总是在导体中沿一个固定的方向流动，交流电首先是沿着一个方向流动，接着再流向另一个方向，这就意味着在某些确定的时间间隔内其极性是相反的。在美国，交流电的循环是每秒60次，因此它被称作60Hz的交流电。如果你用示波器观察交流电的图像，在屏幕上会看到一条正弦波状的曲线，其峰值是高于0V的某一电压值，然后交替到低于0V的相同电压值，如图1.4所示。交流电这种在某一瞬间电压值为零的现象对于在现有家居布线中运行控制信号是很重要的。在该点上，电流衰减为0，就像没有电源一样。这个零点的出现为在家居布线上为传输控制信号提供了时机，以便控制设备的识别和动作。

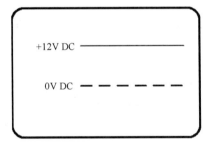

图1.3　12V直流电，用一条实心的
直线表示

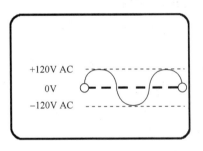

图1.4　在示波器屏幕上示出的一个
半周波的单相交流电

> **注　意**
>
> 　　交流还是直流？在你的家居中，占主导地位的电力是交流电，其额定电压有120V和240V。主要的家居电器，如电炉、电烘干和电热水器，它们都是由240V电压供电的（我国的供电电压为220V，50Hz，请读者注意）。

1. 单相交流电路

当磁铁的南极（S极）和北极（N极）分别在发电机的单线圈中穿过时，与线圈两端相连的两线电路中就会产生单相电力。关于单相交流电的产生将在后续的章节中进行详细介绍。家居电路中主要采用单相交流电。

2. 三相交流电路

当一个发电机定子中有3个线圈，并且旋转磁场的S极及N极依次扫过这些线圈时，发电机就会发出三相电力。

在发电机定子的物理布局中，典型的是 3 个分离的独立线圈按一定的角度分布，因此其产生的三相电流也是如此独立分布的，典型的矢量图中它们彼此相差 120°。三相电力在发电机的内部接线以及在配电线路、线路变压器、建筑物或者家居服务站点的接线通常有两种不同的接线方式。图 1.5 给出了三相电流出现在示波器屏幕上的图像。

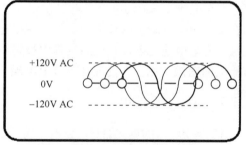

图 1.5 在示波器屏幕上示出的一个半周波的三相交流电

三相电力常用于给大型的高转矩的电动机提供电力，例如空气压缩机或者大型空调器。三相交流电源很少用于民用住宅供电，但是在办公和商业建筑中却是很普遍的。在三相电源供电环境下引入自动控制会面临更多的技术挑战，如在原有的系统中进行 X-10 的安装。在任何情况下，你都要清楚地知道将要实现的项目是否都是在三相交流电源的环境下。这是很重要的。

3. 变压器的连接

变压器用来改变大型配电系统中电压和电流的等级，以获得较低的电压来适应家居用电服务的需要，或者为电气或者电子设备提供所需要的工作电压。单相变压器的结构较为简单，只有两个线圈或者绕组。其中一个绕组为一次绕组，是连接到电源侧的；另一个绕组为二次绕组，是连接到负载的。由于每一台三相变压器内部或者是三台独立的单相变压器同时使用，每相都会有自己的一次绕组和二次绕组，因此在三相配电系统中可以使用两种接线方式，三相变压器的这两种接线方式分别被称为三角形（△）和星形（Y）联结。

（1）三角形联结的三相变压器

采用三角形联结的三相变压器，其线圈两端按照如图 1.6 所示的方式进行连接，形成一个三角形。采用该方式作为建筑物供电接入时，变压器的一个二次绕组会引出一个中心抽头，以产生 120/240V 的交流电（交流电压）。

（2）星形联结的三相变压器

如三相变压器的接线方式一样，在星形联结的发电机中，三相定子的每个线圈的一端是连接在一起的。在典型的家居供电入口中，这种星形联结会产生 120/208V 的电压，而在三角形联结的三相变压器中该电压是 120/240V。图 1.7 给出了采用星形联结为建筑物供电的三相变压器接线图。在该接线方式中，当测量某一相对地的相电压时，其正常的读数值是 120V 交流电压；而在测量某两相之间的线电压时，由于在万用表上显示的将是两个线圈之间的电压合成，因此其正常的读数是 208V 的交流电压。

出于简单性和经济原因的考虑，大多数家居和小型公寓均是由单相交流电路供电的。

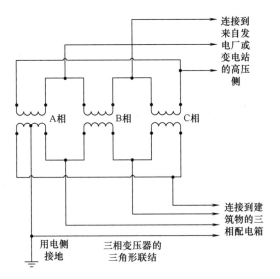

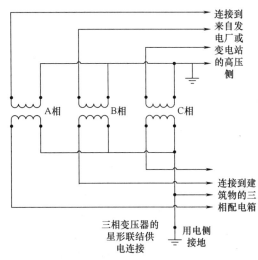

图 1.6　三角形联结的变压器接线图　　**图 1.7　二次绕组提供 120V 电压的三相供电接线图**

1.2.3　欧姆定律和功率公式

$$U = IR，\text{或} I = U/R，\text{或} R = U/I$$

欧姆定律用数学术语表示了电路中运动电子的行为规律。在接下来的章节中，会解释绝大多数的常见术语。

1. 电压（U）

电压这一术语是用来描述电路中存在的电荷之间的相互作用力的，指的是电子所携带能量的大小。如果将电路想象为水管的话，电子就好像是水管中的水，电压则相当于水压。1V 是衡量电压的基本单位。

2. 电阻（R）

当电子在物质中流动时，由于物质的自身的特性不同，电子在原子间流动的难易程度也不同。当我们发现电子在导体中难以通过时，就说它遇到了电阻。电阻对电子流动的阻碍程度通常用欧姆来表示。

3. 电流（I）

1A（安培）表示电路中电流大小的基本单位，本质上来说，它表示的是在某一时刻，通过电路的电子数的多少。

在一个 2A 的电路中，我们认为相对于 1A 的电路会有两倍的电子移动，这就像对于一个正在做的工作的效率测量。用水来做比喻，电流就类似于每分钟流过水的加仑数。

4. 功率（P）

功率（P）等于电流（I）乘以电压（U）。如果在功率公式和基本的欧姆定律公式中采用代数术语来推导的话，电路中绝大多数的未知量都可以通过任意两个已知量来计算。

电路和电气设备所消耗功率的大小通常用瓦特（简称为瓦，符号为 W）来表示。如果以 1V 的电压驱动 1A 的电流移动，则电路所消耗的功率为 1W。功率表示的也是某一时刻电路所消耗的电能的多少，是对电能消耗速率的瞬时测量。在家居中，一个灯泡的额定功率通常在 40~60W 之间，而一个吹风机的额定功率可以达到 2100W。

5. 千瓦时（kW·h）

与瓦特作为一个瞬时量不同的是，千瓦时是用来测量某一时间段内电能的消耗，家居用电中均采用千瓦时来进行测量和计费。千瓦时的英文缩写为 kW·h，意味着 1h 的时间内有 1000W 的电能被消耗，或者是任意时间和功率的乘积为 1000。例如，当你不在家的时候，却有一盏 50W 的照明灯开着，那么 20h 就会消耗 1kW·h 的电能。对于美国一个典型的四口之家，每月平均消耗的电能为 888kW·h，每天的电能消耗大约是 30kW·h。图 1.8 示出的是一个典型的民用住宅电能表。

图 1.8　电能表显示自安装以来该住宅已使用 6421.4kW·h 电能

在后续章节中，我们将会看到通过智能家居来减少能源使用量的方法。这里通过统计年度和每个月的平均家居能源消耗以建立日后进行比较的基线是一个不错的主意。最好不要采用能源消耗的钱数来进行比较，因为价格是会随着时间浮动的，所以我们总是采用 kW·h 来表示电能的消耗，采用加仑（USgal）来表示丙烷气的消耗，而对于天然气的消耗则采用立方英尺来表示。

通过对欧姆定律和功率公式的基本理解，你就能够计算出电路中的未知量，这对于必要的元件尺寸和规格的计算也是很有帮助的。

1.2.4　配电变压器

变压器的作用是用来改变电力传输系统中的电压和电流。由于家居用电的低压电能不能实现远距离的配送，因此要使用变压器将来自于发电厂或者变电站的高压电能转换为家居供电所需要的低压电能。

如图 1.9 所示，一台具有两个用电连接的 25kV·A 变压器，可以将两个家居的用电连接在同一台变压器上。在一些智能家居技术中，这种连接方式可能引起控制信号的

"溢出"或者"串音"，因而也会引起邻居
的诸如照明灯之类的用电设备的控制模块误
动作。当邻近的家居采用的自动化技术与其
邻居类似时，共享变压器会引起这样的串扰
问题，邻居房屋的灯也会响应你的"全部
点亮"操作指令，反之亦然。如果你发现
有这个问题存在时，还是会有解决办法的。
首先，你可以尝试调整自己家居控制码，以
保证你和邻居的家居控制使用的是不同的控
制码。终极的解决方案是相邻的家居控制使
用不同的控制协议。

**图 1.9　一台具有两路用电连接的 25kV·A 变压器
可连接两个相邻的家居**

> **注　意**
>
> 关于变压器的最后一个注意事项　在一些街区，一台变压器可以通过公共的地下线缆来给多个家
> 居供电。正如我们之前讨论的，如果其他的家居也在使用智能家居技术，那么在你的系统和它们的系
> 统之间可能会发生"串音"的问题。为了防止这样的情况发生，你可以首先联系你的供电公司，以了
> 解你的家居是否和其他家居共享一台变压器。

1.3　逆变器

　　逆变器是一种将电池提供的直流电能转换为正弦波形或者修正正弦波（如锯齿波）形
的交流电能的电子设备。通常，逆变器的输入电压为来自于储能电池的 12V 或 24V 的直流
电压，其输出为 120V 或者 240V 的交流电压，以驱动家居的电子设备或者为房车提供其运
行所需的电能。逆变器通常以功率来表示其工作性能，其连续的负载必须在低于该功率下
运行。

　　逆变装置的工作就是将来自于诸如汽车电池或房车电池的直流电能转换为交流电能。
很多旅途中的人会将一个小型的逆变器插在汽车的点烟器插座上，以获得交流电能为笔记
本电脑或膝上便携式计算机提供电源。

　　由逆变器供电的设备，其控制电路所在的控制模块一般都是要求直接插入供电电路
的。因此，在使用家居控制设备来控制由逆变器供电的照明灯及电气设备时，要确保逆变
器是一种纯正的正弦波逆变器，而不能是修正正弦波逆变器。房车、野外营地及舱室通常
都是由逆变器来提供电力的。非并网的独立发电装置产生的直流电首先是储存在电池中
的，然后再通过逆变器转换成提供家居电器和电子设备所使用的标准交流电能。

1.4 转换器

转换器的作用是通过交流电源给可充电电池提供直流电源或者给低压直流电路和设备提供电源。转换器还可用于旅行车和房车中，给电池充电，给直流电灯和电器提供电能。当你在家居中将手机插入电源插座时，手机就是通过一个很小的转换器来充电的。

1.5 家居用电

美国的家居用电通常是由单相 60Hz 的交流电提供的，额定电压为 120/240V，电流在 60～200A 之间，其中，最常见的是 100A 的供电服务。也有一小部分的家居用电是由三相交流供电的，所提供的电压为 120/208V 或 120/240V。在中国等使用 220V、50Hz 供电的国家和地区中，在典型的单相供电方式下，只提供单一的供电电压。

在使用新的电器、设备或者家电产品时，对其技术参数的检查总是必要的，以确保其参数与现有的电能供应相匹配。

1.5.1 家居交流布线及设备

如果你曾经看过你的家居布线，在塑料护套的电缆里可能会看到有三根铜芯或者铝芯导线，这种导线产品的准确术语是"非金属护套电缆"，我们也常常采用它的商标品牌 Romex 来对其命名。这种线缆的每一根线芯都是用不同颜色的护套材料加以区分的，也称之为颜色编码。最常见的颜色是黑色、白色，以及绿色或者是金属裸线。按照 NEC 编码规则进行颜色编码的电缆在家居电路中正确安装时，导线的颜色即表明了其用途。图 1.10 给出了一条剥开了非金属护套、可以连接到插座上的电缆端头。

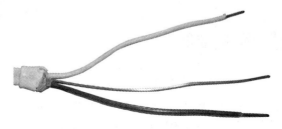

图 1.10　非金属护套电缆线

1. 相线

相线是家居电路中传输电流的导体。在预制电缆中，其典型的颜色为黑色、红色或蓝色。不管是在金属或者非金属护套电缆，通常均采用相同的颜色编码方式。最常用于 240V 电路的非金属护套电缆中总共有 4 根导线，即一根红色、一根黑色、一根白色和一根裸线⊖。

⊖ 我国相线的颜色为黄色、绿色或红色。——译者注

2. 零线

零线一般是采用白色作为其颜色编码的（我国的零线颜色一般为浅蓝色），它为流过负载的电流提供一条返回的路径。这里的负载泛指所有从电路中吸收电流的电气设备。

3. 接地线/保护线

保护线（有时也非正式地称为接地线）的作用是在线路流过多的电流、处于过载状态时，用于防止触电，并使熔断和断路器动作。当电路过载时，意味着电路中的设备有故障发生，此时可能会导致线路的损坏或火灾的发生。家居电路中的保护线通常是一根裸线或者是颜色编码为绿色的护套线。在正常工作的为设备或电器供电的电路中，保护线中是没有电流流过的。如果在保护线中有电流流过，则意味着连接线路的设备出现了问题，或者是线路接线上出现了错误。该保护线对于后续章节中所讨论的 GFCI 插座有着重要的意义。

在接地线和保护线之间存在着很多不必要的混淆。天线、卫星接收锅以及其他诸如 FM 或 Wi‑Fi 天线之类的户外设备，都需要通过接地线来进行接地，以躲避雷电对其及附近物体的攻击。如果不将雷电所产生的能量释放到大地深处，就会对这些户外设备带来巨大的破坏或伤害。对于保护线这一术语的误解，其简单的缘由是因为一个正确布线的家居和建筑物供电的零线和保护线都是和大地相连的。然而，一个正确安装的保护线是位于地下的深处的，其作用是当电路设备出现故障时阻止异常电流回流到供电零线，以帮助线路断路器的跳闸、熔断器的熔断，以及保护工作在故障设备上的工作人员的安全，防止电击事故的发生。

4. 电路负载

在家居电路中，通过过载断路器或熔丝可以防止电路的过载。每一个断路器都有一个特定数值的承载电流，即额定电流，通常的额定电流值有 10A、15A、20A 和 30A 等。当电路中的电器或者设备发生过载或者故障时，断路器就会跳闸。电路不能在其超负荷状态下长期运行，暂时的过载也不能超过其额定值的 10%～20%。对于一个 120V 的家居供电电路，要计算线路的电流，需要将所有与线路相连的照明灯、电器以及可能会插入到电路插座的电器（假设均为纯阻性负载）的额定功率数相加，再除以 120V。

将上面计算得到的结果与断路器的额定电流值进行比较，以确保电路负载是在断路器或者熔丝的额定值以内。

5. GFCI/GFI 漏电保护开关

虽然 GFCI（接地故障断路器）是技术上的正确术语，但 GFCI 和 GFI（接地故障开关，漏电保护开关）却是经常等同使用的。任何时候，当电路中回流的一部分电流不能在返回到零线的电流中检测到时，就意味着有一些电流从电路中的导体、电器或者电动工具中逃逸了。此时，GFCI 就启动其保护功能，将线路切断。电路中的 GFCI 装置的动作点出现在相线（传输电流）导体和零线导体所传输的电流的差值达到 5mA 时，也意味着一部分电能通过另一条通路返回到用电接地端了，任何人在这条通路上都有触电的危险。

有三种常见的情况会使得电路中的 GFCI 跳闸以切断线路的供电，即

1）有人或者某一其他接地的通路与相线（传输电流）导体发生了接触。

2）用电设备、工具或电器出现了与外壳短路（意外的电路）的故障。

3）由于水的作用，与导体形成了通路，为电流的流动提供了额外的路径。

除此之外，还有第四种使 GFCI 跳闸的情况，就是当漏电保护开关工作在一个较长的回路的一端时，此时又有另一较长的为负载供电的回路插入电路。尽管这种情况很少见，但也确实发生过。

设置 GFCI 的主要目的是为了当人员无意中成为电路的一部分时防止其受到伤害以及挽救生命。美国国家电气规程规定了在新建以及改造、重建的电力工程中必须安装 GFCI，以满足规范的要求。当然，作为房屋的所有者也可以在规范要求以外的地方选择加装 GFCI。但是不能用自动控制插座来替代 GFCI 漏电保护插座，否则会失去保护功能，使自己和其他人有遭受电击的危险。

如果一个 GFCI 是自动控制的，那么它必须是处于具有 GFCI 漏电保护的下游电路的插座，或者是由具有 GFCI 的电路来供电的。任何时候，都不要用自动控制设备来取代诸如你在浴室所看到的 GFCI 漏电保护开关，因为这样将会失去 GFCI 的漏电保护作用。GFCI 的设置是建筑物的安全和 NEC 规范所要求的。

GFCI 的保护作用并不是单单只作用于 GFCI 插座，它也同时作用于 GFCI 后面的所有插座。因此，当 GFCI 跳闸时，被保护电路上的所有设备都会停止工作，而不仅仅是引起跳闸的插座。鉴于此，一种线路安装的 GFCI 漏电保护适配器可以对线路延长线或用电设备提供更精确的保护。用电设备或者是不具备 GFCI 漏电保护的插座，均可以通过 GFCI 漏电保护适配器与线路相连接。

6. 浪涌电压抑制器

配电线路上时常发生的一些偶然事件可能导致你的家居供电出现一个尖峰电压。每一个用电设备都可以适应小范围的电压波动，但是对于超过 600V 的尖峰电压，当它出现时，差不多会损坏与电路连接的所有处于接通状态的用电设备。我们经常会遇到电视机、收音机和计算机因过电压而损坏。这些过电压尖峰可能是由闪电造成的，也可能是高压线路的接触不良或者是由于汽车撞击电线杆造成了导线的碰触，或是供电电源出现了问题。有这样的一种设备可以保护整个家居或者某个电路免受尖峰电压的危害，它就是浪涌电压抑制器。当电源电压工作在正常范围内时，浪涌电压抑制器不动作，也会不产生任何分流作用。但是当电压超过了某一预定值时，例如电压达到了 330V，浪涌电压抑制器就会将自己变成一条低电阻的通路来释放高电压，使得多余的高电压从该便捷通路中通过，以此来保护当前线路以及后续线路的用电设备。浪涌电压抑制器开始导电时的电压被称为"钳位电压"或者"通过电压"，只有小于或等于该电压值的电压才被允许传导到浪涌电压抑制器后面的用电设备上。当浪涌电压抑制器工作时，它需要做两件事情，那就是当过电压事件发生时，将一部分电流分流到大地（回流通路），同时将一部分电流转换为无害的热能释放掉。对于一个浪涌电压抑制器可以吸收足够的额外电流来使电路的断路器跳闸或者熔丝熔断并不是很常见。做到浪涌电压抑制器的容量与其要保护的负载相匹配是很重要的。

7. 熔丝

熔丝是一种用于保护电路的导线，防止其承载的电流超过电路或用电设备的额定电流的设备。熔丝的工作原理是给电路中的流动的电流提供一定数量的电阻，当高于该熔丝额定值的电流试图通过电路时，虽然它可以在短时间内通过，但是当它遇到由熔丝所提供的额外电阻时，过多的电流会使熔丝的温度升高而熔断，从而使电路断开，导线中不再有电流通过。熔丝由低熔点金属制成。当最小的过电流通过熔丝时，需要一定的时间使其充分升温，熔丝才能熔断。过电流值越高，过电流的时间越长，则熔丝熔断得越快。

8. 断路器

断路器的作用和熔丝的作用有很多相同之处，但断路器的优点是可以通过简单的复位即可重新接通线路，而不需要换熔断的熔丝。断路器是通过电磁力来克服弹簧的张力来工作的，当电流超过正常工作电流时，电流产生的磁场将变得足够强，从而将克服弹簧的张力使电路跳闸。在电路故障消除后，通过对断路器的复位即可恢复电路的供电。

9. 电磁线圈

电磁线圈是用来将电流转换为机械能的设备，所转换的机械能可以用来开关水阀、触动电源开关，或者做一些类似于打开门锁之类的事情。

10. 继电器

继电器是一种由另一个电路启动（打开或者关闭）的开关。继电器用于执行负载的控制，它允许控制电路使用比被控电路更细的导线或较低的电压。

继电器就是一个简单的开关，只不过它的操作是由远方的电路来电完成的。有以下三种原因使用继电器替代线路开关来接通电路：第一个原因是希望控制电路所使用的电压或电流比被控制电路的值要低，之所以希望在控制线路中使用较低的电压，是因为低电压肯定要比高电压更安全，同时，在继电器的控制电路中使用较小的电流可以允许控制电路使用较小的线径，以降低布线的成本；使用继电器的下第二个原因是它允许控制来自于另一个不同的位置，这也是智能家居的主要目标；第三个原因是在家居自动控制中可以将控制任务交给诸如计算机这样的逻辑设备或者非人的实体来完成。但是，使用继电器的最根本的原因还是为了满足"如果……，则……"的情况，其中的一个例子是，如果室外的温度超过80°F（约为27℃），则允许空调器运行，否则不允许打开空调器的电源。

11. 电动机

电动机的作用是将电能转换为机械动作（通常是旋转力）以做功，例如送风、抽水，或者打开、关闭阀门。

12. 电弧故障断路器

电弧故障断路器是断路器的一种，当线路被检测到有电弧（火花、暂时性短路）时，电弧故障断路器会跳闸以切断电路。电弧是潜在的火源，当电弧故障发生时，电弧故障断路器会跳闸，以切断电路，减少火源出现的机会，从而降低火灾风险。

13. 红外线遥控器

如果有电视遥控器、DVD/VCR遥控器或音响系统遥控器，则可以通过含有一小串数字信号的红外载波信号来执行相应的控制功能。如果靠近观察红外遥控器，则会看到在遥控器指向电视机的一端上有一个小发光管，这个发光管是需要指向或者"看见"将要控制的电器的接收窗的。接收到的控制编码信号由电视机处理，从而执行改变频道、调整音量的动作，或者执行其他更多的功能。当按下红外遥控器的按钮时，肉眼看不到发光管所发出的光，但是数码相机却可以。如果要测试一下红外线遥控器的红外线输出，可以将它放在数码相机前，当你或者其他人按下遥控器按钮时，打开照相机并拍摄一张照片，即可在照相机屏幕上观察到遥控器的红外线输出。

1.5.2　家居低压接线类型及设备

围绕着家居的很多用电设备都是采用低压布线的，bell 线或者 CAT5 电缆线常用于温控器控制布线、远传麦克风[⊖]、门铃和电话连线等。通常认为低压布线比常规的家居用交流电压具有更小的危险性，并且在 NEC 规范中对其应用的规定也不那么严格。

1. 电话

电话（固定电话座机）是采用四芯 bell 电缆或者 CAT3、CAT5 号电缆进行布线连接的。在大多数家居中，电话插座的接线都是串行的，这就意味着电话线的布线从入口线盒开始，依次到达每一个电话插座。在对 HAL 语音门户（调制解调器）进行布线连接时，首先需要将电话线连接到 HAL 语音门户的 Line in 接口上，然后再从 HAL 语音门户的 handset 输出接口上连接相应的后续电话机，这样就需要对原有的电话布线进行一些调整。

2. 有线电视/卫星接收系统

有线电视/卫星接收系统的布线采用的是 RG6 电缆。RG6 电缆将电视信号从电视公司的电缆入口箱输送到电视机上。对于卫星电视来说，信号则是从作为卫星天线的接收锅上的高频头 LNB（Low Noise Block），再到卫星接收机上的。

3. 麦克风

麦克风是将诸如讲话所产生的声音能量转换成电能的装置。麦克风所产生的电能，其频率和振幅与讲话的声音能量相匹配（但只是以一个更小的能量级）。如果这个电能量被放大并输送到扬声器上，它可以比你讲话本身具有更大的能量。扬声器在这里将电能重新转换为声音能量，并且是按照与你所发出的声音一致的频率和相对振幅来引起空气的振动。当你将语音控制升级到 HAL 语音控制时，你可能希望在家居中到处都有麦克风。但是语音门户的输入接口中只有一个音频输入，此时还需要使用一个麦克风混音器来控制遍布在一个较大的家居环境中的许多麦克风。

4. 温控器

温控器仅仅是一个依据温度（热）来动作的开关，它通常连接在加热炉或空调器内的继电器上，并且工作在低压等级上。

⊖　麦克风的专业术语称为送话器，本书为通俗易懂，后面统一使用麦克风。

1.5.3　通用的传统电气控制

在这一节中，我们将那些在所有现有家居中都会见到的手动控制设备统称为传统控制，并且也没有给出更多的解释。在后续的章节中，将学习对传统控制设备进行替换或者重新布线，以便采用家居自动控制来取代原有的简单的开关控制。

1. 开关

普通的家居开关和开关组包括简单的通/断开关、三端开关、四端开关。在接下来的介绍中给出的详细说明将帮助你找出哪些是在你的家居中正在使用的。

通/断开关是最简单的开关，它具有两个接线端子，开关内部仅有一对触头。当开关处于"ON"位置时，触头将两个连接端子接通，以允许电流在开关中通过。一个典型的通/断（SPST｛单刀单掷｝）开关如图 1.11 所示。

单极开关具有两种接线方式。第一种方式是首先将相线、零线、接地线由配电箱连接到开关箱中，然后将相线连接到单极开关的一个接线端子上，从另一个接线端子引出的导线再与零线和接地线一起连接到照明灯、负载或者用电设备上。在这种方式下，需要连接零线的墙内安装控制器就可以在开关盒上进行安装。

第二种接线方式被称为"切换开关"。在这种方式下，首先将相线、零线、接地线由配电箱连接到照明灯或负载上，然后再引出两根导线和接地线一起连接到开关盒的位置，接地线为开关的外壳提供接地连接，两根导线与开关连接。此时，开关盒内仅有两根绝缘导线，与开关一起构成了一个"切换开关"。在这种方式下，如果不进行重新布线，需要连接零线的控制器就不能安装在开关盒上。

一个三端开关如图 1.12 所示，用于采用两个开关分别在不同的位置控制一个照明灯的场合。三端开关具有 3 个接线端子和一个动触头，当开关从一个位置切换到另一个位置时，该触头实现公共接线端子与其他两个接线端子之间的连接切换。

图 1.11　一个具有两个接线端子
（通常位于同一侧）的单极通/断开关

图1.12　单独一种颜色的公共连
接端朝向该三端开关顶部

若要从两个不同的位置开关同一个照明灯，则需要使用两个三端开关，并且额外需要一组被称为跑线的导线来进行连接。这些跑线与两个开关的接线端子相连接。在使用三端开关的情况下，一条导线是从配电箱连接到第一个开关的，并且是连接到第一个开关的公共接线端子上。从第一个开关到第二个开关，需要一个根四芯的电缆将两个开关进行连接，其中的一芯为接地线。接地线是一根白色的导线，与两个开关相连接，作为保护线。通常为黑色和红色的两根导线是两条相线，一端分别连接在第一个三端开关的非公共接线端子上，另一端则引向第二个三端开关所处的位置，并分别连接在第二个三端开关的非公共接线端子上。在第二个开关盒上，将引出一根三芯电缆，其中一根为接地线。导线中的相线与开关的公共接线端子相连，零线和接地线直接连接到需要通过开关控制的照明灯、用电设备或其他负载上。

照明灯或者负载需要使用如图 1.13 所示的四端开关。

图 1.13　具有 4 个触头和接地连接的四端开关

一个四端开关的电路通常由两个三端开关和一个具有 4 个触头的专用四端开关组成，四端开关安装在两个三端开关之间的跑线上。在上述所构成的 3 个位置的基础上，每增加一个新的开关位置，就需要多使用一个专用的四端开关。理论上，控制负载或照明灯的开关位置的数量是不受限制的。四端开关的接线端子通常都具有输入和输出的标记，如图 1.13 所示。当开关处于默认位置时，位于开关左侧的两个接线端子是连通的，相反的情况则是位于开关右侧两个接线端子是连通的。四端开关的独特之处是当开关切换到相反（非默认的）位置，位于开关左侧的输入接线端子与位于开关右侧的输出接线端子相连通，而位于开关右侧的输入接线端子与位于开关左侧的输出接线端子相连通。在此，不要将一个两极开关称为双刀单掷开关，与四端开关相混淆，虽然它们都有 4 个接线端子，但是两极开关的开关位置切换时，仅可实现简单的通断功能。

请记住，一个三端开关允许在两个不同的位置控制同一个照明灯或电器，而四端开关可允许在 3 个或更多的位置上实现开关控制。

四端开关的接线螺钉的颜色规范如图 1.14 所示，其中两个接线螺钉是深黑色的，另外两个是黄铜色的。在连接分别来自两个三端开关的导线时，只需要按照各自的端子颜色进行连接就可以了。

2. 调光器和调光开关

调光开关专用于采用白炽灯照明的电路，以调节照明灯的亮度。专业的调光器可以兼容荧光灯以及 LED 照明灯具。

3. 定时器

定时器是一个由机械装置或者数字电路操作的开关，用于控制一个电路保持开启状态的时间。

4. 时钟定时器

机械或者数字电路的时钟定时器可以在一天 24h 内的任何时间接通或断开电路。也有采用长达 7 天的定时模块，可以在一周的时间内来改变电路接通或断开的时间间隔。

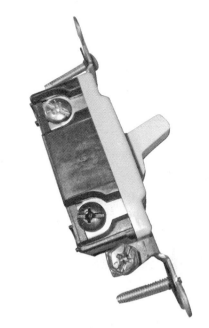

图 1.14　具有接地连接端的四端开关的侧视图

5. 运动感应开关

运动感应开关可以在运动被检测到时接通电路或打开照相机、报警器。这里的运动可以是一辆汽车、一个人、一个动物或者是在传感器附近运动的其他任何物体。

6. 热感应开关

热感应开关可以通过检测红外线有效辐射范围内的人体释放的热来接通电路。例如，一个 Leviton PR180-1LW 的 500W 的白炽灯，就是由一个安装有被动红外传感器的 400V·A 容量的墙内开关来控制的。

1.5.4　备用电源

在你的智能家居中构建一个备用电源也许是很昂贵的，但是对于那些依赖 HA 去克服物理位置挑战的人来说却是很有必要的。即使是一个小规模的系统，如果失去了可用的电能，对于具有安全特性要求并且需要依赖它的 HA 解决方案来说，必须首先考虑能够维持 1 天或更长时间的备用电源。

1. 电池供电的备用电源

在使用终端浪涌电压保护器来保护智能家居计算机的同时，电池供电的备用电源的使用也是很明智的。选择一个可以运行自动控制软件程序的模块，在停电时，它可以实现对计算机的软关机。

2. 备用发电机

发电机能将常规的旋转机械能转换为电能。生活在容易遭受风暴袭击或者经常停电地区的居民常常需要一台应急备用发电机，至少可以带动一个最小数量的关键用电负载。与此相应的，要求家居自动控制能够自动切换以起动备用发电机，并且将家居配电箱的运行从电网切换到备用发电机上。对于长期运行来说，天然气动力或者丙烷气动力的备用发电机比那些使用汽油或者柴油的应急发电机有着显著的优势，并且在运行中燃烧更清洁（污染小）。至少在理论上，如果需要的话，现存的天然气管线可以提供发电机动力数月无虞。

1.6 权威信息源-NEC

建筑商、注册电气工程师以及强制规范的执行机构都是采用国家电气规范的最新版本来确定需要遵守的规则和规范，MFPA 70 的最新版本通常被称为国家电气规范（NEC）版本，它是 2011 年出版的，并且每三年发行一次修订本。应使用最新的规范书来检查当前的或者是推荐的布线条件是否符合标准。

1.7 电气原理图

电气原理图是一个线路图，给出了一台诸如收音机或立体声放大器的电子设备内部电路是如何布线的以及元器件之间是如何互连的。在原理图中均使用标准的符号来表示各个电气元件。

在后续的章节中，连接细节的地方都需要使用电气原理图，在具体的项目中，电气原理图要做到尽可能地明了。

本章所介绍的术语和概念在 2~16 章中都会用到，通常没有进一步的定义和说明。任何需要澄清这些概念时，都要参考这一章的内容。如本章开头所阐述的那样，它不是一门完整的电气课程，它只是为 DIY 新手提供一个简单的介绍，作为他们完成后续章节所介绍的 DIY 项目的一个开端。

第2章

采用Windows计算机作为智能家居平台

一台基于 Windows 操作系统的计算机在很大程度上都是最合乎逻辑和最简单的选择，以构建智能家居系统的计算机平台。此外，市场上有大量廉价的微软 Windows 操作系统的兼容硬件，无论是新的还是二手的。

新的尤其是具有高端性能的计算机可以以创纪录的低价获得。由于微软的 Windows 操作系统在家居、办公和便携式计算机操作系统中占据着主导地位，因而在其用户社区拥有庞大的知识库。

在很多地方都有像 Office Max 那样的大型商场来提供故障排除和技术支持。Windows 8 操作系统也出现在智能手机中，通过许多主流的电信运营商来提供无线服务，并且 Windows 手机在智能家居控制中扮演着重要角色，控制其自动化功能的实现。

也许人们很容易忘记手机的首要任务是拨打和接听电话，当前的智能手机所做的大部分工作都是基于网络的。在某种程度上，当手机满足终端用户的基本需求时，手机底层的操作系统已经变得和大多数用户不相关了。

同样地，真正的计算机也具有一些花哨的功能，但是最主要的还是能够完成你想要它做的基本工作就足够了。对于智能家居平台来说，真正需要的是以足够快的速度完成你想做的事。

一系列的 Windows 兼容的个人计算机制造商和供应商提供的产品价格在 300～3000 美元不等，甚至更高。一些主流的零售商，包括 Best Buy、Walmart、Office Max、Staples，以及一些其他的地区零售商常常将计算机打包促销，包括一台很体面的显示器的计算机的价格通常在 400～600 美元之间。而对于一台工厂翻新的二手计算机，通常可以以 200 美元的价格就可以买到。对于智能家居平台来说，购买决策的关键点仅仅取决于其功能需求以及对可靠性的期望。从另一个方面来说，你能指望一台放置于家居某个角落里的计算机来完成智能家居的任务至少 2～4 年吗？通过使用 Windows 7 这样的 32 位操作系统软件来配置智能家居平台将是有益的，它可以使得平台具有易用性，同时又很经济。如果要考虑获得最好的性价比，一台二手的或翻新的计算机是最佳选择。

对于那些没有多少经验的计算机用户来说，可以从社区培训项目、社区大学、高校、图书馆以及社区服务组织获得 Windows 相关的计算机课程。如果你没有使用计算机的经验，去参加一个初级的基于 Windows 操作系统的计算机应用课程也是一个好主意。

在智能家居平台计算机上成功地安装和使用智能家居软件，并不需要你是一个很强的计算机使用者，但是一些基本技能还是必需的，例如键盘和鼠标的使用、系统的启动、应用程序的启动、新软件的安装以及软件的定期更新等。你需要知道如何用 tab 键或鼠标去切换智能家居应用软件的数据输入区域，还需要使用键盘将由数字和字母组成的标签和设备编码输入智能家居软件的窗口中。如果选修了一个初级的计算机应用课程，任何一个课程都会包括这些键盘和鼠标的基本操作技能。

本章将介绍如何以一种简单直接的方式来使智能家居系统软件和应用软件正常工作，并且假设你已经掌握了一些操作计算机所需的非常基本的技能。如果你已经学会启动计算机、加载光盘播放音乐、玩纸牌游戏、登录 Internet 查看电子邮件、在 Facebook 上发布消息或者使用电子表格或者简单的文字处理软件，就能够很快地完成以计算机为核心的智能家居软件的安装、设置和使用，而不需要任何其他的培训课程。如果这些东西都不会的话，那么你应该考虑去参加一个初级的计算机技能课程。

因为 Windows 的廉价、容易获得以及广泛使用，所以它是智能家居计算机的一个最佳选择。

> **注　意**
>
> 　　预算信息　在这本书中，所给出的是我在 2013 年时花费在每个项目上的实际价格。本书之所以要给出这些预算数字，旨在说明项目中哪些是必需的以及为独一无二的智能家居系统做预算计划时它们的大致费用是多少。

2.1　细节与选择

为智能家居平台选择一台计算机就像购买一台汽车一样。对于购买汽车或者其他的采购来说，其最小的需求特性就是提供个人交通，除了这些基本需求以外，当然还有其他更高的要求，但却不是基本的需求。甚至那些顶级配置的一系列功能都是一些无谓的花销，这些功能只是为了显得更豪华和更加方便。

就本书的目标来说，我关注的重点在于那些实现特定目标所必需的功能。虽然偶尔也会介绍一些高级的性能和特征，但是因为本书主要是作为初学者的指南，所以并没有深究那些超酷（同时也是昂贵）的选项和特性。

2.2　首要的选择：兼用还是专用，是否需要联网？

在规划一个智能家居系统并且想象正在使用它时，就需要考虑是采用一台兼用的还是专用的计算机来控制智能家居系统，该计算机是否需要联网。

2.2.1 选择兼用计算机

当做出兼用计算机的选择时，Windows 将在后台处理 HAL 软件，这就意味着计算机还可以用于其他的常规计算任务。然而，这种共享使用会为计算机处理器和内存的操作带来负担，并且会减慢 HAL 软件和个人使用计算机进行其他任务的响应速度。这种性能退化的程度会非常显著地依赖于内存和处理器的使用强度，如果你在计算机上所做的工作仅仅就是检查邮件和 Facebook 浏览，那么采用兼用计算机的选择也可能会工作得很好。

如果发现响应速度和性能只是有一些轻微的降低时，使用 HAL 软件和其他的用户共享计算机也是一个不错的选择，特别是在拥有一个强大的高速中央处理器芯片和足够的随机存储器（内存）时，多个用户同时使用计算机所带来的影响是难以被感觉到的。但是，对于速度较慢的 CPU，而且内存也不充足时，共享计算机的影响将会使用户非常烦恼，同时也会降低自动化生活应用软件的响应时间。如果只有一台可以使用的计算机，并且还要打算将它用于 HAL 软件，就要知道同时使用有可能会使其速度变慢。

2.2.2 选择专用计算机

在经费许可的情况下，使用一台专用计算机可能是一个最好的选择。

请记住，当使用智能家居平台来管理电器和能源（照明、供热、制冷）时，可能会发现在电能、天然气、丙烷气消费之类的账单开销上带来一些节省。随着时间推移，这些节省可以很容易地抵消实现智能家居平台的所有成本，而且在那些大型住宅或者长时间空置的房屋中，情况更是如此。在这种情况下，专用计算机的投资成本可以很快收回来。

> **注　意**
>
> 减少更多的能源成本。在第 10 章中讨论了更多关于使用智能家居降低能源成本的细节。

我个人倾向于使用专用计算机，并且尽可能地卸载智能家居系统中的重复任务或者是例行程序，使其能够专注于能源节省这一首要任务。采用智能家居平台的另一个好处是，智能家居平台能做的事情越多，你就会有更多的时间去做喜欢的事。

2.2.3 计算机联网

将智能家居控制计算机连接到家居网络上是有很多优点的，其中的一个就是能够通过建立自动软件实现数据备份（到另一台计算机、网络硬件设备或到高级用户的专用服务器上）。备份可以防止数据（如电子邮件、相片、电影、音乐、工作文件等）丢失，并且可以节省大量的时间，避免在数据丢失后被迫重新安装每一个软件。

家居网络还可以提供额外的存储空间并提高数据组织的规模。例如，可以采用一台旧的计算机来专门存储所有的音乐、照片和视频文件。同样地，计算机可以通过设置自动备份，将文件备份到网络硬盘或者服务器上。这就意味着一个光盘音乐文件被复制到一台计算机时，文件也会自动备份到网络硬盘或者服务器中。保存数据的多个副本是降低由于机械或者软件故障而丢失数据风险的有效方法。

将智能家居平台计算机连接到网络的另一个优点是它可以访问 Internet，同时也可以通过 Internet 来访问。

小贴士

通过 Internet 控制 HAL　在第 13 章中将讨论更多关于通过 Internet 使用智能家居的更多细节。如果要使用 Internet，则需要 Internet 调制解调器和路由设置功能，以允许打开一个特定的接口供通信信息包在 Internet 上传送。

2.3　第二个选择：是购买原装的还是自己来装配

如果没有现成的计算机来安装智能家居控制软件，则可以有两个选择：买现成的或者自己装配一台。有兴趣的读者可能想通过购买一台裸机及软件套件来装配一台，一方面可以积累自己的经验，另一方面也可以从中获得乐趣。也有人可能想跳过自己装配计算机带来的麻烦而去购买一台立即就能运行的计算机。有些人是有这个预算以推动这一选择的。在接下来的几节中，我们将讨论这两种选择。

2.3.1　购买一台原装的智能家居计算机

如果想快速的启动并运行计算机，或者是没有兴趣来自己装配，那么在网上热心的人们是会很乐意卖给你原装的计算机的，你只需要接上电源并启动它，就可以作为智能家居平台了。

一台原装的计算机能够完成本书所提到的所有任务，但是对于那些有关独立项目介绍的章节中所给出的操作和配置程序仍然是需要执行的，以完成设置和搭建智能家居系统所必需的其余工作。

2.3.2　智能家居系统的专业化安装

也可以选择由专业的智能家居专家来安装一套完整的 HAL 系统。许多技术精湛的、具有本地许可证的电气承包商和房屋建筑商可以在一个新建的家居或者家居改造项目中搭建和安装一套完整的智能家居系统。

也有一些具有国家承认资质的公司可以提供智能家居的总承包服务，同时他们也可以只负责系统的安装，而将日常的运行维护工作交由房屋所有者来完成。例如，SecurTek 公司提供了一个 24/7 的 HAL 管理服务版本，被称为 HALhms（家居管理系统）。这个系统管理着家居的供热、制冷、安全、电力、娱乐系统以及更多的功能。

2.3.3　购买一台新的或者二手的计算机

在为搭建智能家居系统做预算时，当然也可以考虑购买一台二手的计算机。对于二手计算机来说，缺点是得不到任何种类的质量保证，以确保至少在几个月或者几年使用里出现问题的保修。对于购买新计算机来说，却能够获得至少一年的保修期，但是为新计算机付出的花销也是要多于二手的。

通常也可以通过额外的付费来选择购买延长保修期和/或配件服务。对于本书所使用计算机的原型，采用了一种折中的方法，花费了 279 美元购买一台基本上是二手的计算机，虽然是原装的，但却是工厂翻新的。再加上区区的 79 美元，在获得了由惠普公司自身支持的保修服务基础上，又获得了一个延长的保修期。这样算来，计算机的全部花销为 375 美元，而且是含税的。

> **注　意**
>
> 计算机花销　原型计算机的花费：279 美元；
> 原型计算机延长保修期的花费：79 美元；
> 总的开销：375 美元。

2.4　智能家居平台最重要的特性

在购买或者装配智能家居控制系统中使用的计算机时，有几个重要的事情需要牢记在心，接下来的部分将概述这些要点。

2.4.1　计算机机箱

在考虑智能家居计算机尺寸的大小时，通常可以在三种不同的尺寸中选择一种。在后面你可以看到，所推荐的是小型号的机箱：

■桌面型——标准的桌面机箱是相当大的，根据所安装的主板的型号不同，它可以预留 4~6 个驱动器安装位置和 6 个扩展插槽用于后续插卡的安装。之所以被称为桌面型，就是因为它会占据桌面上的大量空间。

■塔式——塔式计算机的种类包括小型塔式和大型塔式两类。小型塔式计算机的特点和桌面计算机类似，但是可以立在地板上或者桌面上的，以节省空间。大型塔式计算机提供更多的空间，可以选择安装更多数量的驱动器和卡件。

■小尺寸——在我看来，选择一台小尺寸机箱的计算机是可取的，因为它的价格合理，且有足够的驱动器空间和扩展卡槽。当然，其最重要的特性还是它的尺寸较小。通常，智能家居计算机被安置在某个完全看不到的地方，而这种小尺寸机箱更容易在大多数家居抑或公寓中寻找一个永久的藏身之地。

■一体机——如果我在之前没有提到一体化形式的计算机的话，那是我疏忽了，它的特点是将计算机和显示器布置在同一个单元里。如果你在 20 世纪 80 年代中期到 90 年代初期使用过 Macintosh 计算机的话，你可能会记得这种一体化设计。如今，更强大的、具有更大显示器的计算机也出现在一体化设计中。这种一体化风格的缺点是计算机机箱内用于扩展卡的卡件和卡槽的空间受到了限制。例如，现在很难再找到一个能接受标准尺寸的 PCI 扩展卡的人了。这种设计风格的另一个缺点是限制了串行接口和通用串行总线 USB 接口的数量。尽管有这样的局限性，但在特定的环境下它们也能工作。在你决定采用这样的单元时，务必要仔细考虑一下它们的缺点。

2.4.2　计算机操作系统

以下任何一个版本的 Windows 都可以运行 HAL：

■ Windows XP；

■ Windows 2000；

■ Windows Vista；

■ Windows7 32 位；

■ Windows8 32 位。

硬件选择将决定运行微软 Windows 操作系统的版本，新的计算机和主板并不总是向后或者向前兼容各种版本的操作系统软件的各种改变。

目前，HAL 智能家居软件的版本可运行在 5 个操作系统中的任何一个上：XP、2000、Vista、和 32 位的 Windows 7、Windows 8。虽然智能家居生活软件（Home Automated Living's software，HAL）也可以运行在 64 位操作系统上，但是语音门户调制解调器驱动程序只能运行在 32 位操作系统上。一种新的 64 位 HAL 语音门户调制解调器正在研发当中，但是至今还没有上市的日期。还有一种使用通用串行总线 USB 接口的内置语音门户调制解调器替代产品正在进行 32 位版本和 64 位版本 HAL 软件的兼容性测试。因此，在购买硬件产品之前，需要到 HAL 网站查看其最新硬件的兼容性。拥有一台具有通用串行总线 USB 接口的功能齐全的语音门户将使得语音、电视一体化的选择更值得期待。

对于兼容的硬件和软件来说，所有这些操作系统都有着固有的限制。如果你有一台运行在早于 Windows 7 操作系统的旧计算机，即使现在没有做任何改进，它依然有潜力成为一个不错的候选，来启动智能家居系统。

目前，针对微软操作系统版本，所推荐的目标是 32 位 Windows 7 操作系统，如果你没有一台现成的计算机的话，这也很可能是智能家居最经济的选择。

2.4.3　处理器（CPU）

我比较偏爱使用英特尔处理器的计算机，因为相对于使用其他制造商生产的处理器的计算机来说，它的问题很少，尽管各自的经验可能会有所不同。在购买和使用来自顶级供应商的计算机和组件时，出现软件和硬件之间的兼容问题的风险将会更小。当他们生产非英特尔处理器的计算机时，通常都会以更实惠的价格提供有竞争力的产品。这种销售现象暗示着，购买这些非英特尔处理器的计算机也是一个不错的选择，它们也能正常工作，只是可能会带来多一点儿的风险。

无论什么品牌的处理器，每个处理器都有一个额定的时钟速率，处理器在该速率上运行。计算机上的其他组件，例如显卡和硬盘驱动器，它们的速度也会影响计算机的整体性能和执行任务的整体速度。一般来说，处理器的速度越高，则在给定的时间内计算机所能完成的工作也越多，因此处理器的速度越快越好。除此之外，计算机上运行的操作系统软件及应用软件也会影响计算机的运行速度。

运行 HAL 软件的最低要求是处理器运行在 800MHz 或更快的速度上。

建议的速度为 1GHz。

一个理想的目标速度是处理器运行在超过 3.0GHz 以上的，并且有 3MB 的高速缓存。

如前所述，对于速度来说当然是越快越好，但是快速同时也代表着花费更多。在选择处理器时，同样也要考虑每秒多执行几条指令的代价是否值得。

> **注 意**
>
> 处理器比较工具　如果要比较英特尔制造的 CPU 的速度、缓存、核数和处理线程数，可访问相关网站。

一台专用于智能家居的计算机并不必须是家居中最快的计算机，它所要完成的任务依赖于检测到的事件，例如读取计算机时钟的时间或者执行从外部触发器传递过来的任务。专用的智能家居计算机的许多时间都花费在等待某个事件的发生上，只有当某一事件发生时，自动化软件才会触发下一步的动作。如果计算机还被用来完成其他的任务，或将计算机融入到家居娱乐系统中，则需要一个足够高的处理器速度才可以兼顾这一系列的任务。

编写本书所使用的原型计算机的 CPU 是 Intel Pentium Dual-Core CPU E6700 Chip，运行速度为 3.20GHz，高速缓存为 3.0MB，该处理器具有足够的性能以应对本书中涵盖的所有项目。

2.4.4　存储器

运行 HAL 软件所需要的最小 RAM（随机存储器）为 1GB。RAM 的大小关系到计算机的整体性能，也是决定计算机数据处理能力和处理速度的关键因素，如果没有足够的 RAM，计算机就会出现卡顿。

建议的 RAM 配置是 2GB。之前介绍的每一个微软操作系统都有一个供 CPU 使用的 RAM 存储器的最大数值。

在计算机系统中，除了操作系统限制所能安装的 RAM 数量以外，计算机主板也有一个它所能容纳的内存数量的物理限制。由于这些限制，计算机的预算也最终变成有限的了。有这样的一种说法，就是 RAM 内存接近操作系统物理极限的程度取决于预算允许的程度。对于 32 位的 Windows 7 系统来说，在预算允许的条件下，内存 RAM 的最大值是 4GB。

本书的原型计算机仅仅安装了推荐的 2GB 的内存 RAM，但是其性能已经足够了。

2.4.5 存储驱动器

存储驱动器也被称为硬盘驱动器，是所有操作系统、应用软件以及加载和创建的数据文件的存储载体。在驱动器上安装 HAL 基本系统所需的最小存储空间为 250MB，如果要计划添加 HAL 语音软件，则需要 400MB 的磁盘空间。由于硬盘的成本相对较低，一个能够提供存储量的 250GB 左右的硬盘驱动器，能够以一个合理的价格购买到。如果需要更多的存储空间的话，大多数计算机都是能够支持第二个硬盘驱动器的。如果计算机有可用的通用串行总线 USB 接口，移动硬盘可以很方便地扩展存储空间，而不需要打开计算机机箱。

本书的原型计算机采用的是 240GB 的硬盘驱动器。

2.4.6 输入/输出接口

输入/输出接口是智能家居计算机上非常重要的一项功能，该接口用于和其他设备之间的通信以及控制家居的电器和照明灯。输入/输出接口也用来接收来自具有相同接口的设备上的数据，传输作为智能家居软件动作依据的事件驱动的信息。

作为智能家居计算机，至少要有一个 9 针的串行通信接口（COM port），通常称为 COM1，其性能管理可以在 Windows 的设备管理器中进行。除此之外，至少还需要两个通用串行总线 USB 接口，用于增加附加的控制设备。由于并行接口是很少使用的，尽管可以有，但是不太可能去使用。

推荐的配置是两个 9 针的串行通信接口（COM1 和 COM2）、4 个或者更多的通用串行总线 USB 接口。

较为理想的配置是具有 5 个或者更多的 USB 接口和两个（COM1 和 COM2）串行口。

本书的原型计算机配置有一个（COM1）串行口和 8 个通用串行总线 USB 接口。

2.4.7 光驱

光驱是一种用来读取 CD 音乐、软件、DVD 电影或者可移动的数据媒体的设备。智能家居计算机需要一个 DVD 光驱以读取软件光盘，所以选择一个最合乎预算的光驱就可以了。

本书中用到的原型计算机配有一个原装的 TS-H653T 光雕 DVD 驱动器。

2.4.8 显卡

一个具有 1280×720 显示分辨率的显卡或者是系统主板集成的显卡就足够了。

本书中用到的原型计算机配置的是显示分辨率为 1600×900 的系统主板集成显卡。

2.4.9　以太网接口

以太网接口用于通过网络与其他计算机的通信，或者进行 Internet 网络访问。

本书中用到的原型计算机配置的是 10/100/1000 集成以太网接口。

2.4.10　显示器

首先需要回答的问题是，是将智能家居的计算机连接到一台电视机的输入插孔中呢，还是采用一台独立的显示器？

使用计算机上的 VGA 输入端子来连接电视机，以作为智能家居系统的显示器，这是一个可行的选择，特别是当智能家居系统计算机也用作家居影院计算机时。这个选择可以节省开销，而且随着智能家居项目的实施，这种选择方案也将引导娱乐系统的集成。如果采用一台独立的 19in⊖以上的显示器，其开销起码也在 100 美元以上。本书的原型计算机配置的显示器是一台全新的惠普 W2072a 显示器，屏幕尺寸为 20in，是在惠普直销店购买的，而且是免运费的。

> **注　意**
>
> 原型计算机在显示器上的花销为：109 美元。
>
> 目前为止，原型计算机的总花销为：485 美元。

2.4.11　声卡

大多数的现代计算机在销售时均带有一块集成声卡或者一个扩展声卡，有的甚至带有一套插在声卡上的扬声器和麦克风。这些都是智能家居计算机所需要的特性。

本书的原型计算机所配置的声卡是一块集成声卡，正好我还有一个来自旧计算机的兼容麦克风和一套外部立体声扬声器可以使用。如果不得不重新购买扬声器和麦克风，则大约要再花费 60 美元，因此，这个数字也应该包括在总预算中。

> **注　意**
>
> 原型计算机的扬声器和麦克风的预计花销为：60 美元。
>
> 目前为止，原型计算机的总花销为：545 美元。

2.4.12　附加的硬件

HAL 语音门户（vp300）要求计算机主板上有一个可用的兼容 PCI 插槽。即使在目前

⊖　1in = 0.0254m，后同。

的计划中没有语音功能，也要确保所选择的计算机允许安装这个语音设备，否则日后将不得不将计算机进行升级，以兼容这种语音设备的安装。对于大多数用户来说，在增加通过语音指令与智能家居计算机进行交互的便利性方面的开销是非常值得的，而且对于很多用户来说，这也是选用智能家居功能的主要原因。HAL 语音门户也是通过使用电话座机给计算机打电话或者发出指令的一个接口。其相应的产品是 HAL 内置式 PCI 语音门户（vp300）。为了改善智能家居系统语音控制交互的体验，除了上述的硬件以外，还需要考虑添加配套的 HALvoices 套件。HALvoices 是一套配套的软件，它允许智能家居系统使用自然语音，而不是那种典型的由计算机的文本朗读引擎所发出的机器语音。该配套软件可以在 HAL 网站上购买到。

> **注 意**
>
> 原型计算机的 HAL 语音门户预算为：289 美元。
> 目前为止，原型计算机的总花销为：834 美元。

2.5 规划计算机的安装位置

在家居中规划计算机的安装位置时，有一些事项也要牢记在心。诸如，插座的连接，良好的通风以保持计算机的凉爽、防潮，连接网络集线器/路由器硬件电缆的走向，以及电话插座等。除此之外，还要考虑分布在各个不同地方的麦克风到所选定的位置的连线。

每个家居或者公寓都有其合适的位置来永久安放智能家居计算机。有一句话说得好，那就是眼不见，心不念。因此，对于智能家居平台的计算机来说，一个理想的安装位置要求在安装以后便于维护，设备位于视线范围内，还有就是房子的空间以及电缆的路径可以保持不被占用。特别是在计划要扩展智能家居平台以囊括所有的家居安全功能时，情况更应如此。在住宅的建设过程中，建筑师或者建筑商就应该将这些要求包括在建筑设计中，以尽量获得一个合适的方案，将计算机放置在一个方便的位置。

2.6 本书的原型计算机

为了尽量减少安放智能家居计算机所需要的空间，我选择了一台小型尺寸机箱的惠普计算机，其型号为 4000 Pro SSF，所配置的 CPU 为 Intel 生产的 Pentium 双核中央处理器 E6700，主频为 3.20GHz，安装的 RAM 存储器为 2.0GB。计算机的前面板如图 2.1 所示。这本书的后续部分均是基于作者通过该特定型号的计算机建立智能家居平台的实际经验的。

一台惠普 W2072A 平板显示器如图 2.2 所示，也是原型计算机所选配的显示器。

图 2.1 计算机前部具有 4 个 USB 接口
以连接外围设备及控制设备

图 2.2 一台 20in 的显示器为智能
家居系统计算机提供宽屏显示

智能家居平台之所以选择该型显示器，是因为它可以在智能家居系统安装完成后，很方便地安装在相应的摆臂或墙壁支架上。

2.7 设置你的计算机

有了计算机之后，就可以开始这项工作了。在安装 HALbasic 软件之前，有几个步骤必须完成以避免日后令人头疼的事情发生。要想智能家居系统获得尽可能长的良好应用，关键在于要有足够的耐心去完成这些必要的步骤，就像一个专业人士所做的一样。即使是刚从商店购买的一台新计算机，它也不是完备的。最常见的就是操作系统的升级，要确保安装上了从操作系统开发到发布期间所有安装补丁。除此之外，安全软件也可能是一个试用版本，即使是一个正式版本，它也像操作系统一样具有更新的滞后。正如一台汽车偶尔需要常规护理一样，计算机也需要一些常规的预防性维护。完成这些任务并不困难，但需要一些时间和耐心。

为了全面完成计算机的更新任务，还可能需要两个下载项。一种最实用的方法是把需要更新的计算机连接到 Internet，然后下载该计算机所需的软件更新包，再使用软件供应商提供的更新向导 Wizards，并在更新向导的帮助下完成更新操作。另一种方法是先使用另一台计算机下载软件补丁，然后将软件补丁转存到 CD 光盘或者可移动的驱动器中，再从 CD 光盘或者可移动的驱动器中将它们转载到要更新的目标计算机上。但是，这种方法并不是对所有的更新都是可行的。

由于直接连接 Internet 是最有效的选择，所以在本节的内容中采用的是这种方案。本书的原型计算机是通过一个 D-Link 双频无线 Wi-Fi 适配器所提供的无线连接连接到 Internet 的，该 Wi-Fi 适配器通过 USB 接口连接在计算机上。对于没有内置 Wi-Fi 配置的计算机来说，有许多可行的硬件选项来为其添加 Wi-Fi 功能，因此需要确保找到一种适合预算的添加方案。只要简单地按照产品附带的说明书的引导，就可以立即实现所需要的连接。如果坚持采用计算机和路由器或者调制解调器的直接连接，那么这也是一种可行的解决方案，但是要记住这种直接连接方案可能会对智能家居系统安放位置的选择带来一些限制。

2.7.1 操作系统软件的更新

在将要成为智能家居平台的计算机建立了 Internet 连接后，下一步就是完全修补或者更新操作系统。具体到本书的原型计算机，所使用的操作系统是 Windows 7 的 32 位版本，因此要进行的下一个步骤就是更新或修补操作系统。稳妥、有效地完成这个步骤是非常重要的，如果不经过全面的升级更新，或装载一个没有全面更新的应用软件，将会导致操作系统的故障和运行错误。

在 Windows 7 系统中，操作系统的更新操作从打开控制面板 Control Panel 开始的。要打开控制面板，先单击任务栏左边的 Start 开始按钮，然后在弹出的菜单中选择控制面板 Control Panel。所弹出的控制面板如图 2.3 所示。

图 2.3　在窗口的菜单的初始选项中有 8 个类别的调整选项

单击系统和安全选项，会弹出一个如图 2.4 所示的窗口。其中第四大项的标题是系统更新 Windows Update，单击选择其中位于中间的更新检查选项 check action。

单击操作后所弹出的窗口如图 2.5 所示，这里将给出系统的更新状态。具体到本书的原型计算机来说，此时在上一次更新检查 "Most recent check for updates" 一行上正确地显示出了表示从来没有进行过的 "Never"，并且同样的状态显示也出现在是否安装过更新包 "Updates were installed" 一行上。以上所显示的两个状态都是正确的，因为该计算机从未执行过任何安装操作，并且这也是它是首次实现与 Internet 连接。

此时，单击更新检查按钮 Check for Updates，以开始更新过程。在某些情况下，在操作系统更新之前，还必须进行更新器的更新，如果系统是这种情况，将会看到如图 2.6 所示的窗口。这种情况如果出现的话，只需要单击立即安装按钮 Install Now。

图 2.4　在窗口中显示的是系统和安全操作选项

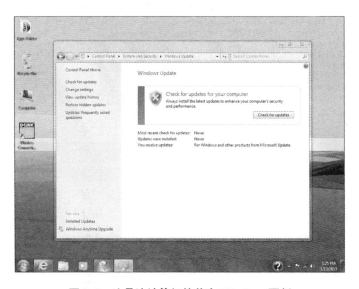

图 2.5　这是该计算机的首次 Windows 更新

在完成更新器的更新后，接下来显示出的安装状态如图 2.7 所示。请注意，由于这个操作系统是在工厂中装载到硬盘上的，该操作系统所发布的标记为重要的"important"的更新共有 111 个，还有附加的标记为可选的"optional"的 6 个可选更新。从我的经验来看，最好将这些可选更新也当作必要的重要更新，当它们可用时也要加载它们。

单击安装更新按钮 Install Updates 所启动的更新过程选择的是那些重要更新，其他的更新可以在相应更新过程所弹出的访问菜单中加以选定。通常，默认的选项也是将要立即执行的最佳选项。接下来显示的窗口是同意或者拒绝软件许可协议条款的询问，对于此项

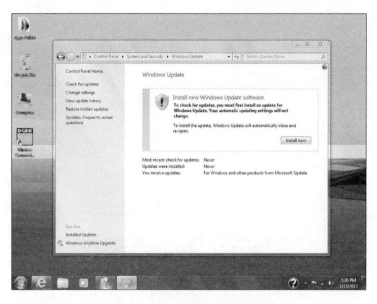

图 2.6　有时可能需要更新更新器

询问实际上只有一个选择，那就是单击接受许可条款的按钮。

在单击同意软件许可协议条款后，将出现一个完成按钮"Finish"，单击它可开始更新过程。

从图 2.7 所示窗口中，可以复查任何将要安装的可用重要更新或者可选更新，如果需要的话就安装它们。

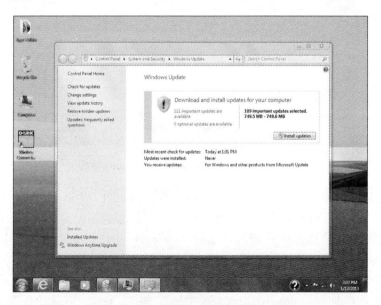

图 2.7　当前状态示出各类可用更新的数量

注 意

更新过程所需的时间和发现的错误。操作系统更新所需要的时间在很大程度上取决于 Internet 连接的速度和安装更新的数量，它可能需要几分钟的时间，也可能需要相当长的时间。相对于一些更为复杂的情况来说，有时更新操作系统时会出现更新失败，这可能是因为在更新过程中需要一个系统重新启动。为了确保每一个更新都能正确安装，在更新过程中的每一次系统重启后，都要检查是否还有可用的更新存在，如果更新仍然是必需的，就要重复之前的步骤来进行更新的安装。

当所有的更新都安装完成后，将出现一个如图 2.8 所示的更新状态窗口。在更新状态窗口中，将有一个表示系统已经完成更新的状态 "Windows is up to date"，它表示通过 24h 内最新的更新检查，目前的系统已经是最新的了。

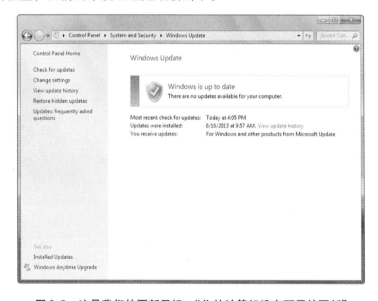

图 2.8 这是我们的更新目标："你的计算机没有可用的更新"

虽然操作系统已经更新了，但还需要看一下更新计划。Windows 7 系统默认的更新计划是每天都要进行更新检查和更新下载。采用这种默认的更新设置当然是可以的，但是允许 Windows 去进行这样的更新管理是有潜在的缺点的。假设更新有重启计算机的可能，那么就有可能在一个不恰当的时间重启智能家居计算机，并且事先也没有征得你的同意。因此我的建议是通过改变一些自动更新程序的设置来控制更新过程。在之前的屏幕上，首先单击更改设置按钮 Change Settings，然后改变重要更新 Important Updates 的选项到下载更新但是让我选择是否安装它们 Download Updates but Let Me Choose Whether to Install Them，如图 2.9 所示。

到此为止，现有的操作系统已经实现了全面更新，日后任何新的附加更新可以在你方便时进行了。

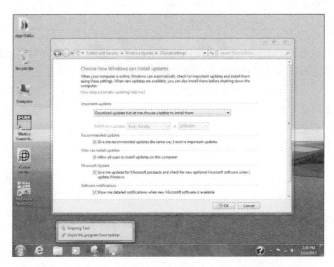

图 2.9 选择自己喜欢的一天来进行下载和更新也是可行的

2.7.2 安全软件的更新

本书的原型计算机在购买的时候预装了一套 60 天试行版的诺顿 Internet 安全软件 Norton Internet Security，从此我变成了一个诺顿安全产品的粉丝，因为我发现它是可靠的，几乎没有出过问题，他们的产品支持也给我留下了深刻的印象。正如 Windows 操作系统一样，任何一种安全软件同样也需要日常的更新。由于安全软件需要每日最新安全威胁的"虚拟指纹"以比较发现那些对你的计算机通信对象或者是你可能使用的任何移动媒体驱动器的安全威胁。作为一个诺顿粉丝，在 60 天的试用期到期后，将我的 Internet 安全产品升级到了 Norton 360 这样一个更先进的产品，该新产品具有更多的功能。我也同样喜欢上了增强功能的 Norton 360，其目前的市面售价为 70 美元，并且可以同时安装在 3 台计算机上。

无论你选择何种版本的安全软件，在智能家居平台计算机进行进一步设置和使用之前，都需要对安全软件进行更新。接下来将介绍的是诺顿 Internet 安全软件的更新，并且如图 2.10 所示的桌面显示开始。

请注意任务栏右侧向上的箭头，点击该上箭头将弹出比一个较小的图标菜单，如图 2.11 所示。

诺顿图标位于小图标菜单栏的左上角。此时，如果移动鼠标的光标移到这些小图标上，则可以选择单击该图标来在屏幕上弹出图表对应的应用程序窗口，也可以用鼠标的右键单击该图标，则会出现如图 2.12 所示的另一个小菜单。

当这个菜单出现时，在该菜单上移动鼠标光标，使得执行实时更新的选项 Run Live-Update 高亮，然单再单击该选项，就会弹出如图 2.13 所示的诺顿实时更新窗口。注意观察其中的三个状态行：检查更新的 Check for Updates，下载更新的 Download Updates 和更新进程的 Process Updates。在更新处理的过程中，根据当前的实时状态，各行右边的状态也在实时变化。

图 2.10　一个清洁的桌面显示及位于屏幕底部的任务栏

图 2.11　通过将鼠标的光标放在一个图标上以查看它所对应的应用程序

在如图 2.14 所示的窗口中，随着 3 个更新过程的进行，其相对应的状态也依次发生改变。

图 2.15 显示的是更新所期望的结果，安全软件的所有更新都完成了下载并成功安装。对于那些连接到 Internet 或与任何其他计算机共享文件的计算机来说，这个更新过程每天都是必需的。每天需要进行的就是重复上述更新过程，或者在软件设置中来对软件更新进

图 2.12　鼠标的右键单击可用更少的步骤获得一个正在寻找的菜单选项

图 2.13　显示更新状态报告的窗口

行配置。图 2.15 给出的是 3 个更新过程完成后可能出现的两个窗口中的一个。当这个窗口出现时，只需要单击窗口中的确定按钮，将其在桌面屏幕上关闭就可以了。

更新后窗口显示的另一种情形如图 2.16 所示。此时，给出了立即重启的 Restart Now 和稍后重启的 Restart Later 两个选择按钮。这两个选择是由操作系统提供的，意味着需要重新启动计算机以完成一个或者更多更新的操作系统加载。如果没有关键的智能家居任务出现，应该在 5min 内单击立即重启按钮 Restart Now，开始计算机的关机和重启过程。

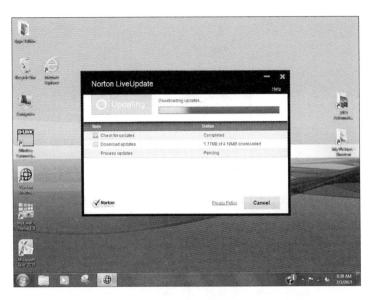

图 2.14　在这个窗口更新下载仅完成了一部分

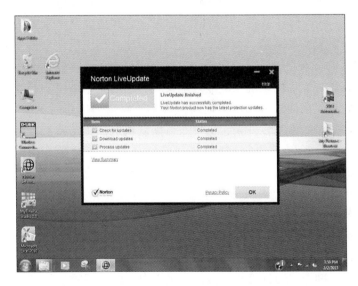

图 2.15　安全更新正确完成时 3 个状态行均显示表示完成的 "Completed"

2.7.3　诊断与系统恢复盘的创建

　　系统硬盘快照依据计算机的制造商不同，其系统的恢复方法也不尽相同。在制作系统恢复盘时，首先要花一些时间来仔细阅读操作手册，在系统恢复盘的制作过程中，采用制造商的资料所推荐的系统硬盘快照来进行。系统恢复盘允许在未来计算机出现严重问题时重新安装操作系统。有些计算机在销售时，其文件包中就已经包括了系统恢复盘；另外一

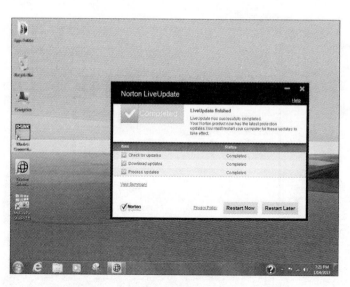

图 2.16　稍后重启按钮 Restart Later 表示可以选择在稍后的某一时间进行计算机的关闭和重新启动

些计算机在硬盘分区时就会提示，至少提供一个菜单选项以创建进行操作系统重装的 DVD 或 CD 系统恢复盘。无论何种系统恢复盘制作方式，这都是一个很重要的步骤来确保计算机将来不会出现非常糟糕的事情。在按照厂商的提示或者使用指南来创建系统恢复盘的过程中，系统恢复盘的写入完成后，一定要给它贴上标签并将其存放在安全的地方。一旦系统硬盘启动失败，就可以借助系统恢复盘来重安装初始的操作系统，并且在使用了系统恢复盘重装操作系统后，前面章节中所描述的完成系统修复和更新的更新过程也必须进行，其显而易见的原因是系统恢复盘并未包括发布自恢复轨道在驱动器上被写入以来的任何新的系统更新。

对于计算机的诊断程序来说，情况也是如此。有的计算机在购买时就带有诊断程序，有的需要使用厂商在计算机上提供的菜单制作一张或多张诊断盘。诊断盘中具有测试软件，以测试计算机的 CPU、硬盘、显卡及其他子系统组件。如果计算机的工作一切正常，它们通常也是没有什么用处的。但一旦计算机出现严重问题时，就需要运行这些诊断程序，它们可能会发现问题所在。除此之外，还可使用 Norton 360，它的优势在于，如果能够正确地使用，则有助于避免计算机正常使用过程中可能出现的一些问题。

如果计算机没有提供制作系统恢复盘的选项，可以访问制造商的网站，也许在资料下载或技术支持的链接中都可以找到解决办法。不管怎样，都需要认真对待系统恢复盘和系统诊断程序，并且要花一些时间来做一些技术储备。

2.7.4　浪涌保护和电池供电的备用电源

在本书第 1 章中介绍了浪涌保护，因为没有哪个智能家居系统会不安装浪涌保护的。对于计算机这一级的浪涌保护，通常有两种可替代的方案：一种方案是采用简单的插入式浪涌保护器；另一种方案是采用更贵一些的电池供电的备用电源解决方案，该方案不仅能够提供浪涌保护，还能在供电中断的情况下为计算机提供持续的电力。第二种方案的一个例子如图 2.17 所示。

> **注　意**
>
> 本书的原型计算机在 APC 电池供电的备用电源的花销为：64 美元。
>
> 目前为止，原型计算机的总花销为：888 美元。

图2.17　这是原型计算机采用的具有浪涌保护的
550 型 APC 电池供电的备用电源

无论选择哪一种方案，都要按照制造商的操作指南来安装和使用浪涌保护器。对于那些较昂贵的浪涌保护器和电源后备系统，制造商通常都会为那些连接在其上并遭受浪涌损失的设备提供一份保险，因此一定要完整填写所有质保信息，并把所有相关文件存放安全的地方进行保管。在使用过程中，还要确保所有的家居计算机都连接到某种形式的浪涌保护器上。很多计算机都是因为供电中断和电力浪涌而报废的。

尽管本章所介绍的这些步骤可能是耗时且繁琐的，但它们确实是必要的，并有助于实现本书后续章节将要介绍项目的顺利实施，最终使得完全智能家居目标的真正实现。在项目的前期严格执行这些步骤，并按一定规律保持软件的更新和修补，对家居自动化系统可靠性的提高是非常有益的。

第3章

自动化处理和控制协议简介

自动化处理就是由于人们采取了某个行动，或者由于时间的变化而使现有的设备、装置、系统，或电子组件的状态和条件发生改变，这些变化是由于内部或外部的应激条件的改变而引起的。如果要自动实现这种状态的变化，设备应该收到相应的控制消息并采取相应的行动。这些状态和条件的改变可以是简单的开关状态切换也可以是更复杂的调整，例如将照明亮度调整到一个预先设置的水平。设备状态更改可以是向一个方向的增加，或者是量的增加或减少，或是两者兼而有之。而控制信息的传送是通过众多智能家居协议中的某一个特定协议来实现的。

3.1 控制方法

智能家居的控制方法和人类从出生开始的成长过程相似。婴儿时期，我们通过各种不同的尝试来学会控制他人的方法，以满足自己的需要。哭很显然是第一种表达方法，然后是发出各种声音，不久之后我们开始会爬，会走来走去，我们用这些方式来完成我们想要做的事情。随着时间的推移，我们的个人技能开始建立，可以与周围的所有事物进行交互。与此相似，家居控制也是这样。最简单的控制方法是人为干预，例如扳动开关来打开一盏灯。你知道用哪个开关，这个开关控制什么，朝哪个方向是接通目标设备的。对于一盏灯的控制来说就是灯的打开或关闭。开关灯的过程包括以下的心理和生理步骤：受到干扰—做出决定—准备—行动—收到反馈—如果需要则做出调整—反馈—达到目的。非人为干预的自动化处理步骤与上述人为干预所采取的步骤是完全对应的。完全智能家居处理也是与此相似的，系统除了不能决定做什么以外，其他的一切事情都可以由自动化系统来完成。智能家居将决定权留给使用它的人，而人在使用这个系统之前还必须详细设置系统的参数，使其能够完成一系列的自动化动作。

> **注　意**
>
> 　　人与自动化设备。严格地说，一个人为实现控制所采取的任何步骤都是可以实现自动化的，具体如下：
>
> | 人的反应和将采取的行动 | 智能家居平台的动作 |
> | --- | --- |
> | 受到外界刺激 | 收到事件触发 |
> | 决定采取行动 | 检查数据库以寻找指令 |
> | 准备采取行动 | 为相应的协议控制器生成控制消息 |
> | 实施控制行动 | 发出控制消息 |
> | 接收反馈 | 等待确认信息 |
> | 如果需要则作相应调整 | 由新事件触发的新的或者重复的信息发送 |

　　一段时间以来，普遍的方式是使用分离设备来完成智能家居的一些步骤和控制功能。但是由于自身的缺陷，它们不能适应计算机控制的完全自动化环境。本章将介绍一些智能家居平台控制的基础知识，使得初学者能够了解如何利用不同的协议以及各种各样的产品和技术在一个集成的智能家居控制平台上实现所有的自动化功能。

3.1.1　为何要使用自动控制

　　智能家居的需求来自于人们想要更改一些事物的状态条件，例如，开灯或调低自动调温器。这种状态条件改变的需要主要有 4 个基本类型：时间、需求、事件和通信。在许多情况下，智能家居平台都可以代替人来接收外在或内在激励，并完成这些本该由人来完成的一系列动作，可以很少甚至不需要人的干预。

1. 基于时间的操作

　　基于时间的操作是指那些经过一定的时间段而发生的操作，例如 1h 后关闭卧室的电视，这样看电视的人就可以放心地打盹儿；也可以是在一天中固定的时间而发生的操作，例如每天早上在同一时间打开咖啡机。基于时间的控件可以控制任何重复的时间间隔的操作，时间间隔可以是几个小时、一天、一周、一周中的某一天等。

2. 基于需要的操作

　　基于需要的事件就是用户有需求它就能实现的事件。例如，当你感觉家里太冷时，你需要调高温度控制器；当光线太暗时，你要打开照明灯。并不是所有的事件都是可以被预见的，所以你的智能家居平台也要能够处理基于需要的操作。人们可以通过多种方式来控制需求操作的发生，可以是简单地单击鼠标，也可以通过语音来控制 HAL 平台。

3. 基于事件的操作

　　基于事件的操作是由预定的或偶然的事件来触发。例如，当温度太低时会将预先设置的恒温器打开来进行加热；在空气处理设备上安装了一个保护器，如果保护器检测到水盘里有水时就会切断空气处理设备的电源。

4. 基于通信的操作

　　除了前面所阐述的这些情形，还有一件非常重要的事情就是所有的人都希望时刻是处在一个可闻可见的状态，对外界事物的状态、所发生的事件和产生的相应操作都想尽快地了解和知道。还有一些事件尽管我们不需要去知道和了解，但是也需要对其做出尽可能有效的处理，而不需要过多的细节。还有一些情况，我们希望在被处理之后，通过事后查看日志条目来了解所发生的事情。例如，当家中无人时，年迈的父母给我们往家里打了电话，我们需要通过电子邮件将这个情况反馈到我们的智能手机上，并加以提示。对于那些想要及时了解家中情况的人来说，实时反馈功能是现代智能家居系统所具有的重要的、极具吸引力的功能。幸运的是，与很多目前使用中的智能家居产品不同，HAL 平台不仅能够把家中发生的事情及时通知你，而且还能把从 Internet 或当地的天气预报设备上收集来的有关金融、天气和其他信息提供给我们，甚至还能从本地的天气预报设备中收集信息转达给我们。我们处在一个信息通信高速发展的时代，可以把一些日常的听闻和感知的事务让具有人工智能的智能家居系统去完成，这样可以提高我们的通信效率，同时可以允许我们专注于那些重要的事情。本书中所讨论的核心自动化产品，其最突出的亮点是 HAL 软件具有了传达指令和处理设备反馈的功能，并具有丰富的当前流行的智能家居协议，几乎能使家居环境中的每个电气的、机械的和电子的设备都能实现自动化操作。接下来的一节将介绍 4 个最主流的家居设备控制协议和标准。作为一个业余爱好者，了解目前有很多种不同的协议是很重要的，有的协议更适合于某些特定的任务。在智能家居解决方案中，通过引入不同的协议，可以以最低的成本来实现一个最完整的智能家居系统。因为 HAL 软件运行在控制模型的应用层，你不会受任何特定的协议、特殊品牌的硬件产品或技术的限制，它是一个真正允许各种需求结合的最佳协议。

3.1.2 协议和标准

在进行智能家居设置过程中，有一些与控制设备所采用的是何种控制协议相关的细节需要处理，这仅需要在初始化阶段或安装阶段对有关细节进行相应的处理。在完成了 HAL 软件的设备设置后，你是采用自然语言和单词与 HAL 进行交互的，而不是采用协议和它交互。尽管如此，还是有一些读者想了解这些交互是如何进行的。本节将介绍智能家居控制协议实现的原理和方法。智能家居标准就是规定了智能家居设备如何对控制信号做出响应并完成相应的功能。目前有许多种智能家居标准，有的标准是开放型的，有的是专有型的。许多消费者认为，实现智能家居的成本太高，对于有一定经济基础的人和懂得电气、电子与自动化技术的人才适用。值得庆幸的是，目前完整的智能家居系统是普通家居触手可及的，只要他们有一些空闲的时间和一定的预算就可以轻松实现。HAL 软件作为一个有效的平台，它能够在一个数字"屋顶"下将不同的标准和协议整合为一体，它不仅能够实现协议间的通信，还能接收并实现用户的请求。设置好设备和协议接口，与 HAL 软件通信后，HAL 软件就能够按照用户的要求实现相应的机械操作来完成用户所要实现的功能。通过使用 HAL 软件来控制各种物理层的通信，一个家居可以将各种类型的设备在结合在一起，甚至可以使用不同的协议用一种设备控制另一用设备。下面几节将重点介绍协议适配器和设备进行通信的详细过程。

1. 物理层通信

因为智能家居中的所有操作都依赖于各种电子信号，通过电子信号来传递信息并完成相应的操作，所以要利用第 1 章中我们所讨论的有关电的物理特性。电信号可以分为模拟信号和数字信号两种类型，我们可以通过电信号、无线电波、红外线作为手段在智能家居的控制通路中进行通信，我们所利用的正是这些信号的物理特性。我们不仅可以利用电能按照预定的通道来做功，还可以通过对电的特性的管理获得更高一级的能力，实现信息的通信。通过这些通信功能，不仅能够控制电气和电子的设备，也可以控制诸如门、锁、通风口及阀门等机械设备。这些控制功能的实现是通过电磁控制来作为助手，利用一些看似简单实际上经过复杂定义的消息包来实现的。从生物学角度来说，控制通信（电气或无线）通路或是利用感知信号的变化并做出反应，或是对受控设备进行初始化，使之产生相应的操作。因此，无论是从控制路径层次还是从最原始的感官层次来看，电路中只有有限的几种状态的改变可用于信息的产生和传递，具体如下

1）电路的接通或断开。例如，有电压/无电压。

2）电路的断开，或者电压、电流、频率的改变，或者全通为最大值。例如，高/低电压；由高到低的频率。

3）可以测量电路的频率或电压、电流处于一个较低或较高的区间值内，以便和预设的值进行比较或匹配。例如，AC 95 ~ 130V 为正常的家居电压范围。

4）可被感知的改变与时间或定时的表示相关，以识别信息的开始和终止。

这些物理状态的变化是由物理层（硬件、媒体级）检测的，并且被解释为编码信息上传到高层的应用栈中。它们在设备中是用来执行要传送的信息所对应的状态改变。

2. 物理媒体承载的信息

物理层通信是最底层的通信，可以是有线通信也可以是无线通信，通信中可以使用数字信号也可以使用模拟信号。通信方式可以采用单工通信，某一时刻设备只可以发送信号或只能接收信号，即发送和接收信号不能同时进行。通信方式也可以采用双工通信，某一时刻设备既可以发送信号也可以接收信号。在模拟通信模式中，可以利用幅值或频率来表示数据，通过幅值或频率的变化来表示不同的数据。在数字通信模式中，信号可以被切割成若干个时间片，每个时间片被称为一个帧，通过每帧内信号幅值的大小或数值的高低来表示信号的有无。在数字模式下，电流和无线电信号的状态是通过不同的电压、电流或频率来表示的。它们可以用来表示 0 和 1 或者其他数字，也可以用来表示能生成数据或信息的二进制值，或被用作定时脉冲去分离并跟踪信息。这种对 0 和 1 的表示方式可以用于远距离传输，完成所需的动作或传递必要的信息。通过协议规定的编码方式，根据数据包中携带的部分信息，可以将数据包发送给指定设备。定时脉冲用于定义通信数据的开始和结束，以便保证通信数据包的完整传输以及双向传输中确认信息的到达。单向协议无法保证整个信息传递的正确性。所以协议中定义了一个"校验和"功能，用它检验所传送数据包的完整性和准确性。校验和的原理是针对数据包中的一些数据，利用相应的数学公式进行计算，将计算结果和被发送的数据包中的校验和进行比较。这些基本原则通过各种创新的

方法，在最底层上实现了通信。通信的实现不仅是物理媒体（有线、无线、红外或光纤）可以用于数据的传输，还在于利用了电信号的这些简单的属性状态的变化。在 OSI 7 层网络模型中这一媒体层被称为物理层。要完成本书中涉及的智能家居项目，你不必深究网络和通信是如何实现的，不必完全理解这些。你可以完全信赖本书概要介绍中提到的协议，它们独特的控制方式可以让你的智能家居设备成功地发送和接收控制信息，给用户提供极大的帮助。

本书中的项目主要使用了 4 个协议：X-10 协议、UPB 协议、INSTEON 协议和 Z-Wave 协议。将来也会有其他协议，也可能会有新的通信方式来控制设备。我们谈论网络时，大家都知道一个原理，网络上每个人都由唯一的通信地址标识，如 IPV6 地址，个人所有的操作都可以通过这个地址进行。即使我们的很多产品都非常棒，还没有发展到那样便利的程度，但是我们可以利用协议实现对我们而言最重要的设备间的通信与控制。

3. X-10 协议

在 X-10 协议中，数据帧利用交流电力线传输信号，信号是叠加在交流信号的特定点上，即一个正弦波周期中从 +120V 下降到 0V 和从 −120V 上升到 0V 的那两个零点上。X-10 协议信号传输频率是 120kHz，信号加载到周期为 60Hz 的电力线的一个特殊点上，该点被称为过零点。该协议中设备地址由房间号和设备号两部分组成，共有 16 个可用的房间号，房间号的选择范围为字母 "A~P"，有 16 个可用的设备号，设备号的选择范围为数字 1~16。因此，在一个基于 X-10 协议构建的智能家居系统中最多可同时控制 256 个不同地址的X-10设备。X-10 设备可以接收控制其发出的 7 种指令——on、off、dim、bright、all lights on、all lights off、all units off（即打开，关闭、变暗、变亮，所有灯打开，所有的灯关闭以及所有的单元关闭）。这些指令都是通过一个 4 位编码发送的。设备和控制器之间还可以实现双向通信，这由下面的 7 条指令和状态设置实现：on 状态、off 状态、请求状态、预先设定的昏暗状态、打招呼、收到招呼和扩展编码（或扩展编码本身）。在 X-10 协议中，通信信息的发送以帧为单位，我们称之为数据帧，数据帧包含开始码、房间号和功能码等信息。开始码表示发送开始，房间号用一个 A~Z 中的字母表示，房间号说明是信息是由哪里发出的。例如，一个二进制串 1110010010110001，此二进制串中就携带了开始信息，房间编码 "K" 和 "all lights on（打开所有灯）" 指令。X-10 协议虽然是一个简单而有限的协议，但该协议的优点是它不需要重新布线也不需要额外的控制线路，所以它是人们实现智能家居的一个首选协议。

4. 通用电力线总线（UPB）协议

通用电力线总线（Universal Powerline Bus，UPB）协议比 X-10 协议的可靠性高得多。在 UPB 通信中，数据是以 120~240bit/s 的速度发送的。在 60Hz 的交流电中，半个周期占用的时间为 $8\frac{1}{3}$ms。UPB 脉冲在每半个周期就会达到峰值，在半个周期内可以传递一个表示 0~3 的数值，这个数值用 2 位二进制表示，因此，一个信号周期就可以传送 8 位二进制数据，构成了一个 UPB 字节。UPB 协议中传输单位是数据帧，一个 UPB 数据帧最少包含 7 个字节，最多包含 25 个字节。每个数据帧中包括帧开始信息、报头信息、要传输的数据信息和一个字节的校验位。报头信息包含网络 ID 号、设备 ID 号、源 ID 和数据报控制字。要传输的数据信息中也包含设备要执行的指令。UPB 协议有个突出特点，与 UPB 有关的一些设备 ID、网络 ID 等信息都保存在设备内的非易失性内存寄存器内。

5. INSTEON 协议

INSTEON 产品可以通过两种途径进行通信：家居布线系统和预设的无线射频。INSTEON 技术利用联播转发机制，接收报文的设备可以转发 INSTEON 协议信号，信号最多可以被转发 3 次，即跳数最大值为 3：最初发送的信号时跳数为 0，跳数最大为 3 的限制可防止指令信号无限循环。如果初始信号跳数为 0，那么第一次转发跳数为 1：下一个设备再转发跳数就为 2，再有下一个设备转发跳数就等于 3，跳数最大值就是 3，所以不允许再转发信号了。所以从第一个设备发送的信号可以穿过 3 个设备层，到达远程网络中的第四设备层。在美国 INSTEON 网络工作在 915MHz 的 RF 频段上和 131.65kHz 的电力线上。虽然 INSTEON 和 X10 协议不同，但 INSTEON 和 X10 相兼容。INSTEON 是双波段通信协议，这意味着其数字信号可以在家居布线系统和无线射频率上同时传输。目前约有 200 多种不同类型的基于 INSTEON 产品的设备。虽然我们会使用很多智能家居设备，但网络核心协议可以支持超过 1600 万的设备，可供我们选择的余地很大。INSTEON 协议规定，最小信息包构成如下：发件人地址（3 个字节），收件人地址（3 个字节），标志位（1 字节），指令（2 个字节）和冗余校验（1 字节）。

6. Z-Wave 协议

Z-Wave 是一种无线通信协议，该协议支持双向通信，可靠性较高。这种无线通信的功能与 Wi-Fi 能够将你的计算机连接到无线网络上类似。Z-Wave 工作频率低于 1GHz，因此它免受更高频率的 Wi-Fi 网络的干扰。Z-Wave 可以将多种室内外的、独立的设备转换为智能网络设备，支持数据加密，通过数据加密使设备之间实现安全和完整的通信。因为是在它的核心协议中，所以可以支持用 IPv6 表示的地址设备。Z-Wave 协议虽然是一种专用通信协议，但它能支持全球范围内将近 160 家厂商生产的与 Z-Wave 兼容的设备。有将近 700 种设备能够支持 Z-Wave 协议。家居的 Z-Wave 网络可以支持 232 个设备，可以将多个网络桥接在一起，形成一个更大的网络，这样就能支持更多的设备。但在智能家居中很少这么做，主要有两个原因。首先，智能家居系统中需要控制的设备数很少超过 100 个；其次，若智能家居系统中需要控制的设备数超过 232 个，使用其他技术会更有优势。当使用 HAL 软件作为智能家居的控制平台时，你可以使用多种技术实现家居智能化，有多种方案可供选择。在通信的数据包中，网络 ID（或家居 ID）占用 4 个字节（32 位）的控制消息，节点 ID 占用 1 个字节（8 位）的控制消息。在 Z-Wave 网络中，一个网络 ID 或家里 ID 中最多包含 232 个节点，因为 8 位节点地址中有的位数用于选择信息或执行特殊功能。节点 ID 以二进制（000001 ~ 11101000）或十六进制（0x01 ~ 0xE8）形式表示。在美国和加拿大 Z-Wave 的无线电工作频率为 908.4MHz。Z-Wave 技术功耗低，信号的有限覆盖范围在室内是 30m，室外可超过 100m。因为 Z-Wave 网络无线信号的覆盖范围超过

100m，所以 Z-Wave 网可以将多种室内外的、独立的设备转换为智能网络设备，从而实现控制和无线监控。Z-Wave 网组建时就要有一个主控制器和一个控制节点。把新设备连接到网络中，我们称之为包含，网络中的设备退出网络控制，我们称之为排除。完成网络设置后，网络中可以加入若干个辅助控制器。这两类设备节点可以具备以下一些特点：

1）控制器—可以控制其他的 Z-Wave 设备。

2）从设备—受控于其他的 Z-Wave 设备。

3）路由从设备——将控制信息传递给周围的节点，从而扩大整个网络的控制范围，但反过来也增加了查找路由表和中继的时间。Z-Wave 是一种无线通信技术，它有两个明显的优势。第一，可以控制周围其他布线系统上的设备；第二，可以通过手持遥控器来遥控 Z-Wave 设备。再次感谢 Z-Wave 技术给我们带来的无线传输性能。

3.2 事件触发的自动化过程

常见而且十分关键的智能家居进程的事件包括以下内容：

1）经过了预设的时间。

2）到达预设的时间。

3）发生和复发事件。

4）温度的变化。

5）语音指令。

6）感应：运动传感器和热敏传感器。

7）输入信息处理。

8）数出信息处理。

事件触发后，必须要有相应的处理流程或伪流程，而且必须存储在数据库中，以便自动化平台能够采取行动，完成控制任务。控制对象必须有一个名称或 ID，例如"卧室灯"就是一个对象名称，该对象名称不仅能标识一个进程，而且还能识别控制设备或装置。协议的控制接口所识别的设备名中包含对象名，类似于 X-10 协议中的房间号与设备号。自动化过程所需的条件和希望得到的结果必须是已知的并存储在自动安装的数据库中。例如，在某种条件下，将灯光调节到一个预设的明亮程度，比如把灯光调到总亮度的 33%。实现自动处理的触发条件是预先定义好的，可能会是按响的门铃或到了预先设置的时钟时间。一旦人们采取了某些行动，或者是自动传感器感应到了相应信号，或者是发生了预先定义好的操作，在协议的支持下，控制器控制相应的设备按照预先定义和存储的步骤完成自动化操作。

处理操作

当控制条件触发时，自动化过程实现了以下的操作步骤：

1）发现数据库中的已命名的对象设备。

2）发现或收集所需的状态或预定义的条件。

3）将设备名转换到物理层中打算使用的已知的协议名称（例如，X-10 协议）。

4）合并对象的物理层地址和控制参数。

5）通过串行接口或 USB 接口发送控制信号和参数，或发送到另一个类型的控制接口。它也可以使用计算机内部的通信总线传达指令，如通过声卡播放音乐。

6）通过接口模块将控制信号转换为物理层信息表示方式，并在适当的时候将信息通过有线或无线射频发送出去。

7）信息通过物理媒体（有线媒体或无线媒体或红外线）将控制信号发送到目标设备。

8）目标设备接收到控制信号，设备或模块按照接收到的信息的要求，重新设置控制对象的状态或条件。

9）在双工通信中，接收端设备按照控制要求或约定发送反馈信息。在后续的章节你将在安装阶段或工作中看到这一过程，每种技术的控制框架件都已定义好，你要做的就是进入你控制的角色，将标识类型和唯一的标识符信息纳入框架。虽然我们对本章所涉及的协议了解不多，但幸运的是，对那些希望实现智能家居系统的家居人士来讲，可以放心地使用这些产品，不需要了解任何附加信息。为了成功地实现你的智能家居系统，无论该系统是你自己设计的还是本书中所涉及的，你还要了解一些设置和应用的细节。后续章节将详细介绍如何实现有关设置。HAL 软件旨在使你尽可能容易上手，使终端用户能够成功地建立你的智能家居系统。如果你能了解有关细节，并能正确安装 HAL 软件，你就可以利用这个智能家居平台控制家居中的任何可控对象。想要了解更多的有关协议和处理信息，可以登录作者网站 www. homeautomationmadeeasy. info。

第4章

项目1，在计算机上安装HALbasic

用户拥有 HALbasic 软件后，首先是将该软件安装到基于 Windows 操作系统的用于控制智能家居的计算机上。理想情况下，充当智能家居控制平台的计算机应当具有以下功能：即使你一天 24h 不在家，甚至一年 365 天都不在家的时候它仍能正常工作。为实现这个目标，应该使用一台专用计算机来控制智能家居平台，这样就可以消除用户共有的潜在性问题，并且最大限度地避免潜在死锁或无意重启问题。

如果家居中有高速的 Internet 接口，最好使用该连接对 Windows 7 操作系统做一个完整的更新，正如在第 2 章所讨论的那样。本章中介绍的预备步骤和任务将对你自己动手安装智能家居有很大的帮助。

对计算机的操作系统和安全软件完全更新和修补完成后，就要关闭 Windows 操作系统和安全软件的自动更新功能。如果你没想好如何进行更新维护，又不想进行手动更新维护，那么至少应该设置为一周运行一次自动更新维护。微软和诺顿都不能显著加快自动更新流程。无论如何，它们并不总是对所有过程都能做出 100% 的完美处理。操作系统和安全自动更新应该在适当的时候进行，可以安排在每周中预期风险最小的自动控制时期进行，也可以安排一在天中没有自动化事件发生时来进行。用户不仅要对系统进行安全更新，还要用"HAL Watch Dog"监控各种 HAL 流程，管理重启，检查计算机的各种活动。

4.1 起点

运行智能家居平台的计算机在安装任何新软件之前最好能预装一个程序。

为此，本章以及本书后面的章节中，我们将假定您使用一个专用的个人计算机在智能家居平台上运行智能家居软件，执行所有的智能家居任务。最好重新开始，安装一个全新的 Windows 操作系统。如果是一台预装了操作系统的全新计算机，你就不需要重新安装操作系统，但最好要对该操作系统应用当前所有的补丁程序。如果你拥有或购买了一台旧计算机，并用它来运行 HAL 软件，这就有必要需要花费一些时间，对该计算机重新安装操作系统。安装操作系统时可以按照 Windows 的提示自动安装，也可以手动安装。如果没有重新安装操作系统，那么至少应该确保在安装 HALbasic 或其他应用软件之前 Windows 所有"重要"、"可选的"和"推荐"选项已经成功更新，如第 2 章中所述。

不管计算机的初始状态如何，最好是在安装任何新软件之前对操作系统进行"完全修补"，这需要花费一定的时间和精力。为了完成该操作，计算机必须事先准备好通过有线或无线方式与 Internet 相连。本书第 2 章中介绍了从微软网站下载 Windows 7 补丁程序的详细步骤。

4.2　安全软件

为了保证与 Internet 相连的计算机的安全，必须安装相应的安全软件。针对智能家居平台的安全软件有许多种，强烈建议安装最新版的 Norton 360。

计算机可以对所使用的诺顿产品或其他安全软件通过 Internet 实现修补和更新。在我开始使用计算机的前 12 年里，这期间也是阿帕网出现之后至世界上第一个网站建立之前的这段时期，我经历了很多挫折，由此意识到在计算机或 Internet 服务器上安装高质量的安全软件非常重要。众所周知，在信息技术安全领域，某些罪犯、计算机爱好者、黑客、某些组织，甚至外国政府都有可能入侵你的计算机，破坏计算机数据。他们会对计算机进行黑客攻击、病毒传播和生成特洛伊木马等破坏活动。

总有一些互不联系的、图谋不轨的人和没有什么真正作为的人去干这类事情。你唯一的防御方法是拥有一种高质量的安全产品，该产品能对你的计算机进行日常更新。在过去的 15 年里，我使用了多种 PC 安全产品，同时也给其他的计算机提供各种技术支持，以保证这些计算机的安全性能。对家居计算机来说，为保证其安全性能，我建议使用 Norton 360 的最新版本。使用方便是计算机安全产品很重要的性能，Norton 360 是同等规模的安全软件中易用性比较好的产品。诺顿产品日常运行所需维护很少，它几乎每天都会进行更新和改进，以保护计算机免受最新的威胁，Norton 360 软件不仅能保证计算机的安全，而且还能帮助你管理计算机。诺顿产品标价约 80 美元，商场搞活动或促销时价格会有优惠。诺顿产品的技术支持是在海外，但无论如何诺顿是一款很出色的产品：诺顿产品能够提供强有力的技术支持，他们大部分的维修可以通过 Internet 来实现。安全软件注册时，需要提供一个电子邮件地址。购买的安全软件常常包括对重要信息的在线存储备份，如果有必要也可以在诺顿购买更多信息的在线存储备份。对计算机及操作系统进行必要更新并安装完网络安全软件后，就可以开始安装 HALbasic 软件了。

无论 HALbasic 软件是从网站下载的，还是购书时附带的光盘上存储的，或者是盒装版本，HALbasic 的安装、注册和激活的步骤都是非常相似的。

4.3　开始安装 HALbasic

图 4.1 显示了 HALbasic v5 X-10 介绍工具包，包括一个 HAL X-10 电力线适配器、一

个串行电缆、一张 HALbasic 软件光盘、一个型号为 HAL465 X-10 的灯模块。该工具包的价格是 179 美元。

现在将这个价格添加到我们的初始的预算中。

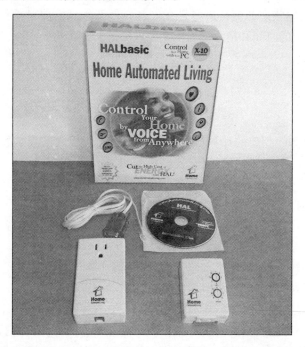

图 4.1 一个 HALbasic v5 X-10 入门套件最适合智能家居的初学者

> **注 意**
>
> HALbasic v5 工具包的成本价格为 175 美元。
> 本书原型计算机的总成本：1079 美元。

本章重点是如何安装 HALbasic v5 版软件。对于新手用户，可以按照安装步骤的提示一步一步地进行安装。有经验的计算机用户可以根据本节的内容来参与安装过程，并验证安装程序是否正确。通过第 2 章任务步骤的练习，说明了在软件安装过程中的注意细节及按照预先规定顺序进行操作的重要性。无论是操作系统还是应用软件，安装过程中都有不容忽视的重要的细节和必须按一定的顺序执行的步骤。安装过程大概需要 2~4h。花点时间记点笔记，把软件安装的所有主要内容和细节记录下来，特别是许可证号码，用户账户名和密码信息一定要记录下来。虽然你可能觉得没必要做笔记，但是以后遇到意外事件或者需要相应信息时，笔记就会发挥很重要的作用。

4.3.1 修改操作系统安全设置

在开始安装 HALbasic 软件之前，需要修改 Windows 操作系统中的安全设置以便加载

HAL 的应用程序。

　　Windows 操作系统安全设置修改步骤如下：

　　1）在开始菜单中打开控制面板，选择系统和安全选项窗口如图 4.2 所示。

图 4.2　在系统和安全选项下选择用户账户设置

　　2）单击用户账户和家居安全选项，如图 4.3 所示。

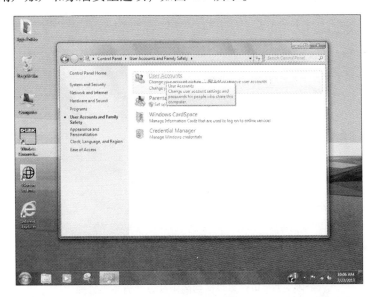

图 4.3　在用户账户和家居安全选项下选择用户账户设置

　　3）选择该选项后，将弹出用户账户窗口，窗口显示当前登录的账户，如图 4.4 所示。请注意，只有管理员级别的账户才有权限修改 Windows 操作系统的设置。

4）在窗口中单击更改用户账户的控制设置，如图4.4所示。Windows 7 默认的通知设置为："当有程序试图修改我的计算机时通知我"，这种设置可能会使 HALbasic 软件不能正常安装。为确保 HALbasic 软件的正确安装，将该通知设置改为"从不通知"，如图 4.5 所示。注意，设置修改后需要重新启动计算机，重启后继续安装 HALbasic 软件。

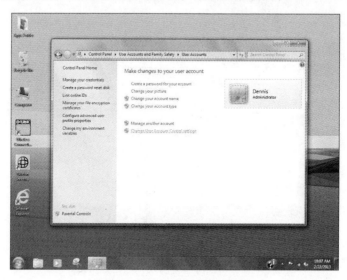

图4.4　主窗口中的活动链接

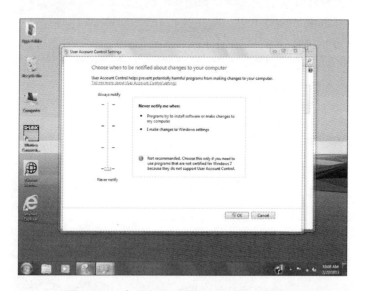

图4.5　用户账户通知的默认设置为从不通知

4.3.2　HALbasic 安装步骤

1）将 HALbasic 光盘放入计算机驱动器中，启动 HAL 安装程序，如图 4.6 所示。

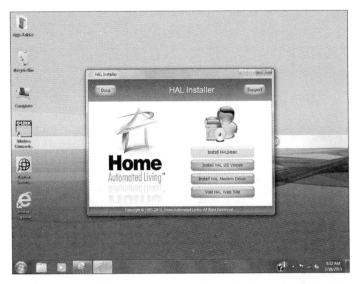

图 4.6　HALbasic 安装程序（注意，Docs 和 Support 按钮也是活动的，用于有关文档和支持信息的浏览）

2）单击 HALbasic 安装按钮，单击"向导"并接受许可协议。

3）接受协议条款后，就会显示安装向导页面，如图 4.7 所示。HALbasic 有两种安装方式：自动安装和自定义安装。你必须选择其中的一种来安装。任何应用软件或应用程序在第一次安装或者你不知道如何选择相应的选项时，最好选择自动安装，这样相应的选项就会按默认值自动做出选择。单击自动安装按钮后，后续安装就可以按照提示单击 Next 按钮继续进行。如果你愿意，也可以按照自定义方式进行安装。

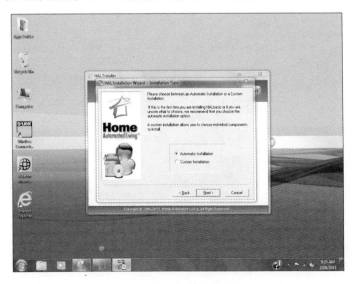

图 4.7　本窗口只有两个安装选项

4）开始安装后，可能会需要重新启动计算机才能继续安装过程。原因如下：如果你的计算机正在运行某些应用程序，这些应用程序使用了与 HALbasic 一样的第三方控件，安装程序就需要重新启动计算机，以确保在安装过程中这些组件不在内存中。重新启动计算机之后，按上述步骤再次启动安装过程。

5）HALbasic 安装完成后，显示的窗口如图 4.8 所示，单击 Finish 按钮，结束安装。

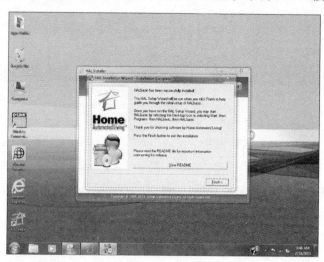

图 4.8 单击 View Readme 按钮可以查看软件版本发布说明

6）单击 Finish 按钮后，屏幕会显示出 HAL 设置窗口，如图 4.9 所示。注意，你的计算机与 Internet 相连时要有相应的指示标记。在设置 HAL 之前，要保证你的计算机配置正确，并已断开与 Internet 的连接。

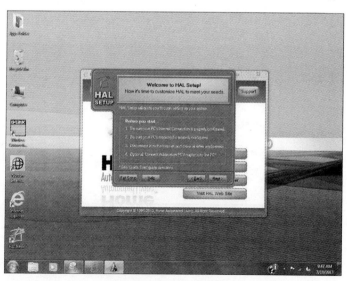

图 4.9 HAL 设置窗口

7）HAL 的设置方式有两种，即快速设置和自定义设置，如图 4.10 所示。第一次设置 HAL 时，要选择快速设置并单击 Next 按钮进行后续设置。

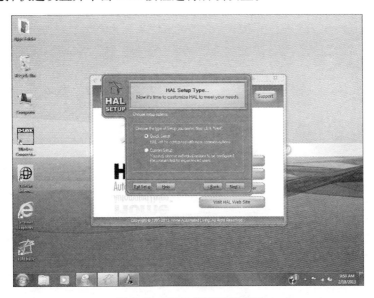

图 4.10　HAL 类型设置窗口

8）在接下来的窗口中，你可以选择家中的任何通用动力线总线接口。我们使用是 X-10 技术的入门工具包，就可以不使用 UPB 适配器，如图 4.11 所示。但是，如果你想通过 UPB 适配器进行连接，就要确保该适配器有一个 USB 接口，通过 USB 接口就可以将它连接到运行智能家居平台的计算机上。单击 Next 按钮进入下一个设置窗口。

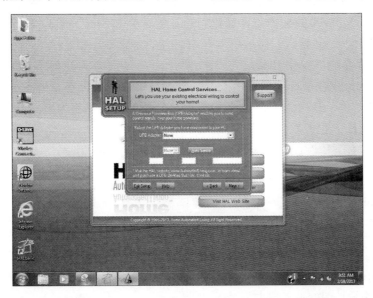

图 4.11　如果需要连接 UPB 适配器，可以先把它接上然后再单击 Auto Sense 按钮来检测它们

9）在图 4.11 所示窗口中，还允许选择支持智能家居系统的其他种类适配器，如 X-10 适配器或 INSTEON 适配器。所购买的基本工具包包括一个基于 HAL11 的 X-10 控制器接口，适配器下拉菜单如图 4.12 所示。使用这个工具包时，从下拉菜单中选择 HAL 11。

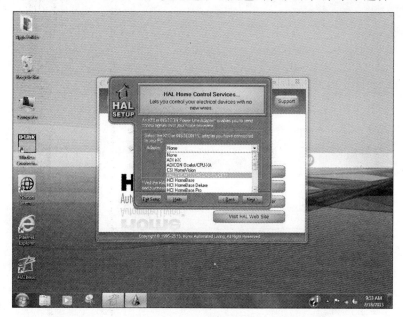

图 4.12 注意，兼容 X-10 和 INSTEON 的可用产品数量很多

10）选择使用的适配器类型后，还要选择使用哪一个 COM 接口。当前可用的模型计算机只有一个 COM 接口，所以选择 COM 接口 1，如图 4.13 所示。如果无法确定系统要使用的 COM 接口号，应将适配器与计算机相连，然后单击 Auto Sense，HAL 就会设置自动检测并选择适当的 COM 接口。然后单击 Next 按钮，继续下一步。

11）快速设置的第三个和最后一个选项允许选择家中的任何 Z-Wave 适配器，如图 4.14 所示。如果现在没有准备好适配器，也没有关系，可以在系统安装完成后再添加 Z-Wave 适配器，这个过程会在第 10 章中介绍。单击 Next 按钮将弹出下一个窗口。

12）至此，HAL 已经安装完成，如图 4.15 所示，现在 HAL 已经可以控制智能家居系统了。在屏幕的右下角检查 HAL 运行框，然后单击 Finish 按钮。

注 意

在图 4.16 中，我们又回到了 HAL 安装程序窗口。你会发现，屏幕显示有所改变。Window 窗口的右下角出现一个打有叉的像电话一样的图标，在桌面屏幕的左下方还出现一个 HALbasic 新图标，这个图标我们以后会用到。安装程序完成后，重新启动 Windows，以确保 HAL 软件的完整安装。重启 Windows 还可以确保 HAL 软件的安装不会使 Windows 注册表或其他方面出现问题。安装和设置阶段的一些测试将有助于消除系统全面投入使用时可能出现的问题。重启 Windows 后，将计算机与 Internet 连接，以便激活 HALbasic。

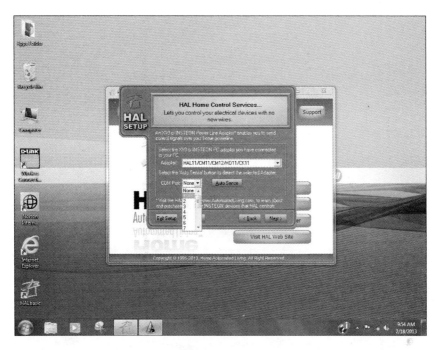

图 4.13　在下拉菜单中列出兼容的硬件接口

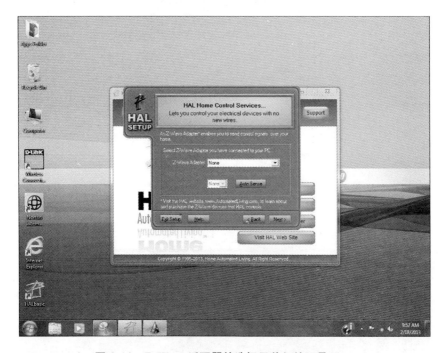

图 4.14　Z-Wave 适配器的选择目前仍然还是 None

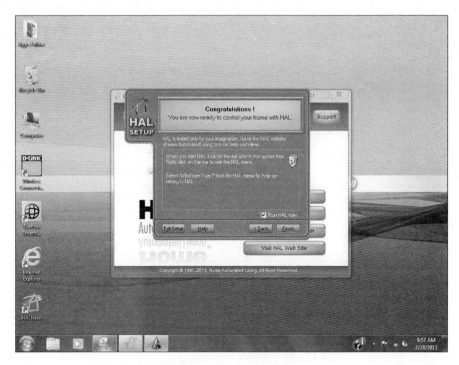

图 4.15　快速启动服务器

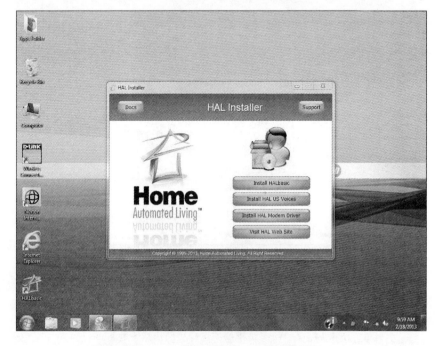

图 4.16　桌面上出现一个新的图标

4.3.3　激活

系统重新启动后，如果计算机与 Internet 的连接方式是无线连接，屏幕会显示一个无线连接图标。在前面的图 4.9 所示的窗口中曾建议，在安装 HAL 软件过程中要确保计算机断开与 Internet 的连接，直到单击 Finish 按钮，安装结束后再重新连接到 Internet。如果计算机与 Internet 的连接方式是有线连接，在安装接近结束时，要建立计算机与 Internet 的连接，然后再单击 Finish 按钮。软件激活是通过 Internet 来完成的，所以必须保持 Internet 处于连接状态。如果不通过 Internet 来实现软件激活，还可以通过手机或固定电话给 HAL 的技术支持热线打电话。接下来单击桌面左部的 HALbasic 图标，就会弹出 HALserver 启动窗口，如图 4.17 所示

图 4.17　服务器启动时会提示"运行维护"信息

服务器启动后，图 4.17 所示的窗口会自动从屏幕上消失，但是桌面托盘上仍然显示着该图标。为了激活软件，将鼠标移到托盘上显示的向上箭头图标上，显示出 HAL Listening Ear 图标，右键单击 HAL Listening Ear 图标，显示出 HAL 的 Shut Down 选项，选择菜单最下面的那个选项。关闭 HAL 服务器的目的是，通过软件的前几个安装步骤进入 HAL 版权管理选项。重新安装可以通过以下三个途径实现：

1）使用 HAL 软件驱动光盘器安装。

2）使用 HAL 网站下载软件安装。

3）使用 HAL 安装向导。

按如下路径寻找 HAL 安装向导程序：打开 Windows 开始菜单，选择所有程序选项，打开 HALbasic 文件夹。图 4.18 所示的窗口在桌面上，选择运行 HAL 版权管理选项（见图 4.19）。

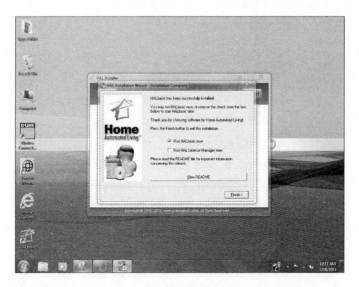

图 4.18　版权核对窗口

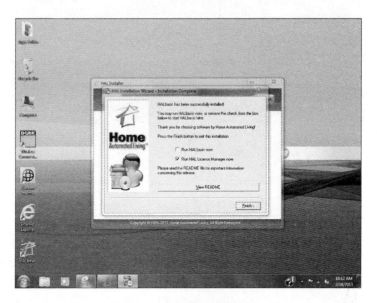

图 4.19　选择版权管理选项

如图 4.20 所示，注意窗口中的 3 个选项，如果你使用的 HAL 软件是网上下载的试用版本，则选择 Try HALbasic 选项，拥有该软件的限时使用权限；如果你想购买 HAL 版权，选择 Buy HALbasic 选项，它将引导你如何获得版权密钥。我们已经购买了版权，获得了版权密钥，所以选择 Activate HALbasic 选项。选择完选项后，单击继续按钮。注意，用户版权密钥只适用于安装了该软件的计算机。一旦你拥有一个 HAL 许可版本，如果确实需要，可以通过激活将软件转移到另一台计算机。

接下来的窗口如图 4.21 所示。注意激活按钮旁边窗口内的 0 字符串。单击包含 0 字符串的窗口，输入购买的版权密钥，破折号不用输入。输入一个有效密钥后，Continue 按钮才可用。单击 Continue 按钮，将弹出注册窗口。

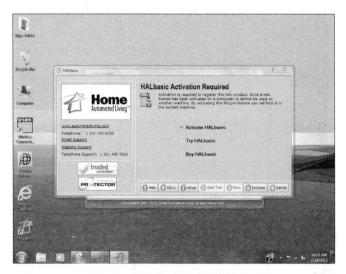

图 4.20　选择用户需求的版权选项

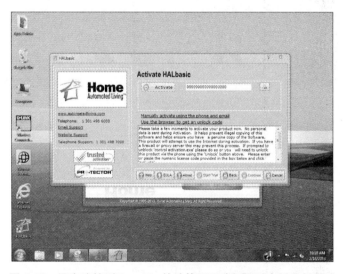

图 4.21　没有连接到 Internet 的计算机可选择通过电话进行激活

4.3.4　注册 HAL

安装过程的最后一个步骤是 HAL 的在线注册。注册过程如下：创建一个用户名和密码，输入所需的个人信息。如果不希望从 HAL 收到电子邮件，可取消电子邮件通信框，如图 4.22 所示。注册完成后，HALbasic 安装过程结束。

图 4.22 选中或取消 HAL 电子邮件选项

4.3.5 探索 HALbasic

HALbasic 软件安装、注册、加载后，最好先仔细浏览一下 HALbasic 菜单。不要担心有什么误操作，只要不保存就不会引起任何问题。这不仅能够熟悉智能家居软件的使用，而且通过菜单浏览，可以迸发出更多的关于智能家居的灵感，可能会远远超出本书的范围。

可以在桌面上双击 HALbasic 图标，或者从开始菜单启动 HALbasic，或者在桌面托盘点击向上箭头键，右键点击 HAL Listening Ear 图标进入 HALbasic 菜单，菜单弹出窗口如图 4.23 所示。只有当 HAL 服务器运行时，才会显示 HAL Listening Ear 图标。

在第 5 章中，我们将使用 HALbasic 的服务器安装一个 X-10 串行接口控制器，并设置和控制一些连接到灯和电器的 X-10 设备。

图 4.23 右键单击 HAL Listening Ear 图标可以打开菜单窗口

第5章

项目2，电器、照明和设备的控制

HALbasic 软件安装完成后，接下来就要对灯和电器的控制进行设置。想象一下，你和你的家居成员在一周的时间内，对家中各种照明灯要进行多少次的开关操作。有一些开、关操作是基于距离的，例如你进入一个房间需要灯打开；有一些是事件驱动的，比如因为有人敲门需要门廊的灯打开。还有可能，需要在特定的时间把灯和电器打开，例如你在外度假时，考虑家中安全，要使家中的灯能定时开关，让人感觉家里有人居住。

利用 HAL 软件，不用人工干预，通过事先存储的初始设置就可以很容易地完成这些操作。

在本节中，我们将安装使用 X-10 控制器和控制模块。虽然 X-10 不是最新技术，但对于初学者来说仍然是比较适用的，因为支持 X-10 的设备种类比较多，而且价格低廉，X-10的优良特性有利于智能家居项目的建设。X-10 系统对智能家居爱好者来说，要熟练掌握智能家居的软件安装、控制界面是个很好的选择，而且低廉的价格对新安装智能家居的用户也是有益的。

5.1 硬件的连接

这个项目包括两个灯控制模块、一个设备控制模块和一个插座。这个项目很简单，将所有的零部件、工具准备好后，最多 4~6h 就可以安装完成。安装插座需要以下工具：斜口钳、一字螺丝刀和十字螺丝刀。这个项目要更换现有的插座，若添加一个新的插座应该由有执照的电工完成，这不是本项目的范围。除了这些工具，还需要 3 个导线连接器。

> **注 意**
>
> 选择正确的导线连接器。插座通常使用 12 号或 14 号线，所以一定要选择适合的导线连接器，通常使用红色或黄色的导线连接器。选择的时候要注意标号越小，线径越粗。

将灯控制模块和其他设备插入现有的插座,可以使安装更简单。请注意,控制模块插入插座时,正负极不要插反。

5.1.1 将控制适配器连接到计算机

图 5.1 显示了 HALbasic 入门套件所附带的 X-10 电源接口模块和灯控制模块,串行接口连接器已经插入了 telephone-type RJ14 控制模块。电源接口模块和计算机之间用四芯电话线连接,长度不超过 10ft⊖。请注意,有些电话线是两芯的要正确选择。

对于早期的 PC,X-10 电源接口模块连接在计算机的第一个串行接口上,即 COM1。若 PC 的 COM1 口被占用,则可以使用下一个可用的串行接口。第 4 章介绍了如何在 HALbasic 的设置过程中自动选择可用的 COM 接口。连接 RJ-14 模块电缆的另一端是一个标准的 9 芯串行接口连接器,如图 5.2 所示。连接器将连接到计算机的 9 针标准串行接口。

图 5.1 串行接口连接器与控制模块的连接

计算机上的串行接口连接如图 5.3 所示,X-10 控制适配器要连接到这个接口上。大多数计算机标准配置有两个串行接口。由于 USB 接口(通用串行总线)的普遍使用,许多新生产的计算机没有标配 9 芯串行接口。如果你的计算机没有 9 芯串行接口,就要使用一个 USB 至 RS-232 DB9 的转换器。连接时注意 D 形连接器的窄口朝下,方向错了插不上。

图 5.2 注意 D 形连接器的方向,确保与计算机正确连接

图 5.3 机箱背面标记着"A"的为串行接口

X-10 控制器另一端的插头与计算机连接时,要窄口朝下,不能插反,否则容易将插针弄弯、损坏,导致连接器无法使用。方向正确对准了以后用很小的力量就可以插到位,

---

⊖ 1ft = 0.3048m,后同。

插好之后，拧紧螺钉，确保连接牢固。如果螺钉无法固定，检查一下连接器是否连接正确。

计算机与适配器连接后，将适配器插入标准的三孔插座。图 5.4 所示的是早期的带有蓄电功能的浪涌保护插座。虽然浪涌保护器具有低电压（又称为钳位电压）通过特性，通过电压低于 500V，这使浪涌保护器有时会阻止 X-10 信号，但不会影响 X-10 系统正常运行。将控制信号输入到家居布线系统时，最好使用标准的插座，因为你永远也不想让带有蓄电功能的插座给家居布线系统

图 5.4　适配器表面的插座可以插入小功率的灯或电器，也可以插入其他控制器

误发信号。控制适配器有个优点，在它的背面有个插座，所以并耽误原来插座的使用。

注 意

X-10 适配器的耗电费用。按照每千瓦时电 15 美分的收费标准，每个 X-10 适配器运行一年的电费不超过 4 美元。

5.1.2　设置控制模块

X-10 电源接口模块设置完之后，就可以插入到家里的一个插座上。通过在计算机上运行 HALbasic 软件，可以控制多种设备。

如图 5.5 所示，仔细观察 HAL 灯控制模块，注意用于控制单元和住宅的旋钮的设置。这些旋钮的不同设置表示控制不同的设备或灯。给每个设备设置一个唯一的住宅和单元编号。

当你使用任何一种控制模块或控制设备时，都不应该超过电压、电流和功率的额定值。如图 5.6 所示，型号为 HAL465 的灯控制模块的背面标出了该设备的额定值。模块就是一个由 X-10 信号控制的继电器/转换器，该信号通过家居布线系统进行传递。模块内部有一个解码器，解码器对监测到的所控制设备的信号进行解释。信号接收并解码后，控制模块根据解码信息发出指定的操作。设备电子部件的额定电压为 120V，所以这个设备只能使用家居中的 60Hz、120V 的交流电。电压超过 120V 时不要使用该设备。除此之外，还要注意它所控制的灯的功率不能超过 300W，这也就是说只能控制白炽灯，不能控制荧光灯和任何型号的电动机。

检查打算使用的每一个设备，确定要插入设备的安全评级是否符合标准。本书的原型计算机预算中已经包含入门套件的成本。在样机安装时，我还想演示如何使用 X-10 来控制两盏灯、一个电器和一个插座。在 eBay 上我能够找到所需的零件，一个设备控制模块、

图 5.5　用一个一字小螺丝刀调节旋钮

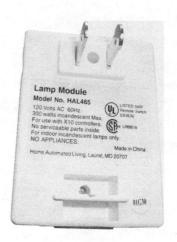

图 5.6　设备通过了美国安全协会和 CSA 国际安全认证，在额定参数下使用是安全的

一个两灯控制模块和一个 X-10 控制插座。购买上述物品，每件大约需要 20 美元，虽然远低于建议零售价，我还是增加了本书的原型计算机预算的成本。新零件中，一个三相插座标价 30 美元，一个设备控制器标价约 25 美元，一个灯控制模块为 24 美元。

> **注　意**
>
> 额外的用于 X-10 控制的原型计算机预算为：70 美元。
>
> 本书原型计算机总成本为：1149 美元。

额外购买的 3 个设备如图 5.7 所示，所有这些设备都仅供室内使用。请注意，两个控制模块上的相同的刻度盘都是用来选择被控设备的单元号和房间号的。Leviton 插座由 X-10 信号控制，插座上的每个插空都是独立的。这个插座适用于交流电，额定电流为 15A，额定电压为 125V。电器控制模块可以控制高达 1/3hp$^{\ominus}$的电动机，500W 的白炽灯或一台 400W 的电视，电阻负载不要超过 15A。

1. Plug-in 控制模块的设置

设置 Plug-in 控制模块所需的编码地址时，用一字螺丝刀将旋钮向左拧。旋转旋钮至每个字母或数字的时候会有轻微的点击声。

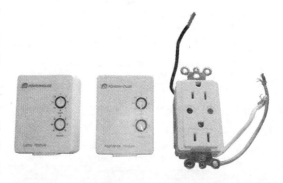

图 5.7　中心的插座可以连接一个两线的电器

⊖　1hp = 745.7W，后同。

首先选择一个特定的房间号，房间号选为 K，如图 5.8 所示。一个字母表示一个房间号，同一个房间内不同的控制模块用 16 个不同的数字识别。

下面我们将第一个灯控制模块的单元号设为 3 号，如图 5.9 所示。在房间号为 K 的房间中，每个控制模块都有一个唯一的数字地址，一个房间内最多可以使用 16 个控制模块，16 个数字地址分别为 1 ~ 16。

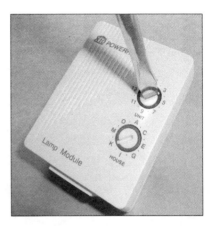

图 5.8 选择字母 K 作为家居的识别号

图 5.9 旋钮旋转到每个数字时会有轻微的点击声，这有助于停止在正确数字上（如数字 3）

在图 5.10 中，设备控制模块的房间号设为 K，单元号设为 5。

设置 HAL 灯模块的房间号为 K，单元号为 9，如图 5.11 所示。注意，图 5.11 中所有的模块房间号均设置为 K，从左到右的模块单元号分别为 3、5、9。

图 5.10 房间号为 K 时，每个单元号必须是唯一的，直到 16 个单元号用完

图 5.11 准备插入和使用的插入式控制模块

项目进行到这一阶段，你有大量的控制模块准备安装，应该准备个笔记本，记录下所使用模块的设置信息、使用位置以及所要控制的设备。这些模块的安装相当简单，不需要

任何电气操作，只需将控制模块插入到一个电源插座，然后再将模块打算控制的灯或电器的插头插入到控制模块的插座上即可，如图 5.12 所示。

接下来还需要在 HALbasic 软件中对插入的控制模块进行设置，下面将详细介绍其设置方法。稍后将用笔记本记录的信息配置 HALbasic 的数据字段。

2. 设置硬连接的输出控制模块

设置硬连接的插座式控制模块与插入式控制模块的设置方法类似，不同的是还要完成一些简单的重新布线任务。因为插座上的刻度盘插槽比较小，所以还要准备一把小螺丝刀，如图 5.13 所示。将该输出模块的房间号和单元号分别设为 K 和 12。此外，还需准备一把十字螺丝刀、一把斜口钳和一些导线连接器，利用这些工具，将输出控制模块与已安装好的标准插座连接起来。

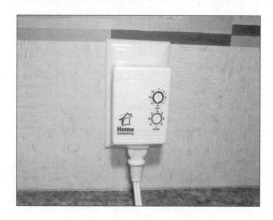

图 5.12　将灯的插头插入控制
模块底部的两孔插座中

图 5.13　顶部的插座由 HALbasic 控制，
底部的插座是直通的

注　意

关于安全问题的说明。任何情况下都不要带电操作。在安装操作之前，一定要确保电路的开关或熔丝处于断开状态。

图 5.14 展示的是一种老式的、内部连接有屏蔽电缆的插座盒。安装时应先将插座盒里的电源线与输出控制模块连接好后，再把插座盒固定到墙里面。把零线（白色）、相线（黑色）和接地线的线头剥好，与输出控制模块的线相连接。

如图 5.15 所示，将插座盒里的零线与输出控制模块的零线（白色）连接，插座盒里的相线与输出控制模块的相线连接，插座盒里的接地线与输出控制模块里的绿色的线相连。这些导线用导线连接器固定好后，仔细整理好放入插座盒中。

用螺钉将插座盒固定到墙上，然后将连接线压到盒里。先把接地线整理好，放到插座盒里，然后再把零线放入插座盒，最后小心地将相线放到插座盒里。这时就可以将插座安装到插座盒上，用螺钉拧紧。将插座盒和插座安装完后，扣上装饰盖，输出控制器硬件安

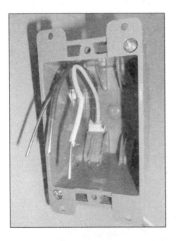

图 5.14　盖板是 1/2in 或 5/8in 的底盒都
可以用这种型号的插座盒来替换

图 5.15　按颜色匹配好后，选用尺寸合适的
导线连接器，将对应的导线连接并固定

装完成。接下来需要在 HALbasic 软件中设置控制模块的接口参数，下一节我们将详细介绍设置方法。

5.2　在 HALbasic 中配置控制模块

本节将讨论前面安装部分提到过的 4 个设备的一种典型设置。首先启动 HALbasic 服务器，待 HALbasic 服务器运行后，用鼠标右键单击系统托盘中的 HAL Ear 图标，在弹出的窗口中单击 Open Automation 选项。

在这个窗口中，我们将进入前面配置过的 4 个设备。首先突出显示安装窗口顶部的设备选项卡，在图 5.16 所示的窗口的底部，单击窗口右下角的 Add 按钮。将弹出一个有 4 个设备选择的小窗口，如图 5.17 所示。首先选择 Lighting（照明设备）并单击 Next 按钮。

图 5.17 显示的是设备向导窗口。在本书原型计算机例子中，想要控制的是餐厅灯，所以在位置字段中输入餐厅，如图 5.18 所示。因为稍后要使用语音指令，所以一定要正确地拼写出所控制设备的位置。控制数据库可以适配位置，位置字段将显示一个带有相应位置条目的下拉列表，除现有的位置信息外，你还可以根据需要添加其他的位置信息。下一个设备控制字段，将出现一个下拉菜单，下拉菜单中列出了一系列流行的、由智能家居系统控制的家居和办公设备。在此位置，你可以根据需要可以添加其他的设备名称。本例中我们在下拉菜单中选择灯光选项，然单单击 Next 按钮。

接下来的窗口如图 5.19 所示。注意，应用程序将定义好的设备位置和设备名称作为一个整体，用来标记"餐厅灯"，并作为名称字段中的一个选项。制定命名规则时，请记住，只能有一个目标设备命名为"餐厅灯"。此屏幕上你可以在用户注释栏中输入注释信

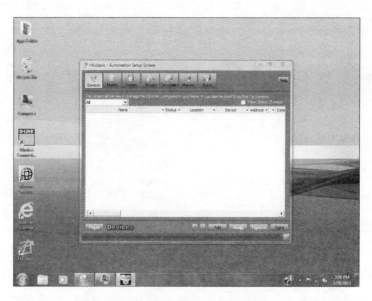

图 5.16　从该空白窗口处开始设置

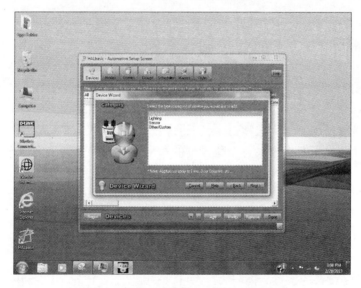

图 5.17　在 4 个选项中通过高亮进行选择

息，以帮助你直观记忆设备和位置。这里我输入的注释信息为"窗子附近的"，表明了该设备的精确位置。

设备位置、设备名称和提示信息输入后，单击 Next 按钮，弹出如图 5.20 所示的窗口。本章的第一部分我们设置了首个控制装置，其房间号和单元号为 K-9。因为这个装置是家居生活中控制智能家居的一种模块，所以选择了由"智能家居生活"厂商制造的型号为 HAL465 的灯模块。

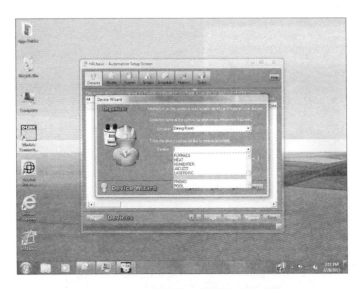

图 5.18 在下拉菜单中选择 Lights 选项

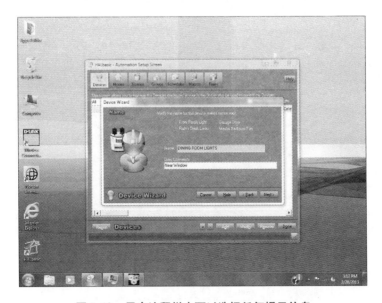

图 5.19 用户注释栏中可以选择任何提示信息

选择完成后单击 Next 按钮，将弹出图 5.21 所示的窗口。注意，此屏幕上的刻度盘与前面步骤所示设备上的刻度盘类似。如图 5.21 所示，该刻度盘必须与所使用的设备相匹配，本例中要与前面设置的"餐厅灯"匹配。有两种方法可以旋转刻度盘：一种方法是将鼠标放到刻度盘上，通过单击（持有）来旋转表盘，设置正确的房间号和单元号；另一种方法是单击屏幕上显示的 A01 框，输入编码，首先输入房间号，然后输入单元号。

图 5.22 显示了当前刻度盘的设置为 K-9，也就是我们的"餐厅灯"控制器的编码。

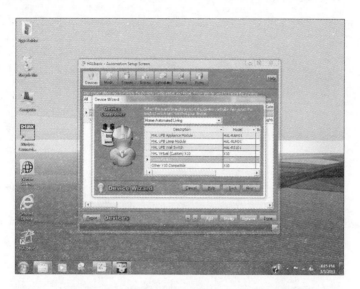

图 5.20 在这个设备控制器窗口选择制造商和模块型号

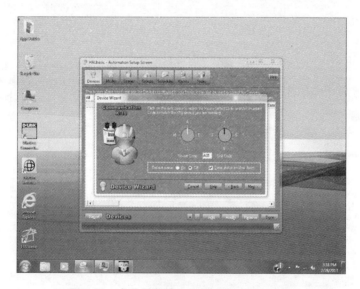

图 5.21 在此屏幕输入位置设置的设备编码

编码输入完成之后，单击 Next 按钮。

接下来可以测试一下安装的控制装置是否能够正常工作，具体操作如图 5.23 所示。设置好控制设备的控制编码后，将控制设备插入到一个插座上，该插座可以在运行智能家居平台的计算机上可见。将灯插入带有开关的控制模块，此开关可以对灯进行控制。数据库能够识别设备的编码，现在该设备就可以被屏幕上的按钮控制了，如图 5.23 所示。注意，窗口下部有 3 个按钮，每个按钮标有不同的功能，你可以使用这 3 个按钮来测试你安装的设备。你安装的控制设备和灯都已连接到了一个插座上，单击灯打开按钮，再单击灯关闭

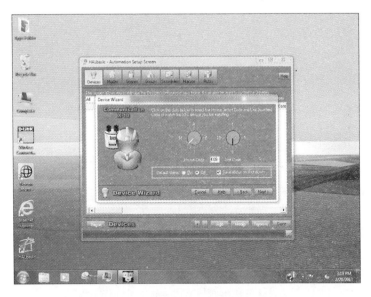

图 5.22　配置了正确编码的餐厅灯模块

图 5.23　在该屏幕可以进行设置和安装测试

按钮，检查灯能否正常工作。如果灯不正常工作，首先检查一下灯泡是否完好。若灯泡没有问题，返回到安装向导，检查设备地址的设置是否正确，检查调整完后再重新进行测试。

　　HAL465 灯控制模块支持调光，所以配置属性也需要设置支持调光功能。如图 5.24 所示，单击可调光复选框，使用右下方的滚动条调整灯光亮度的百分比。注意，此时 Dim 按钮不再是灰色的不可用状态，变成了可用状态。本例中灯光亮度的百分比设置为 46%，也可以手动输入其他数值。

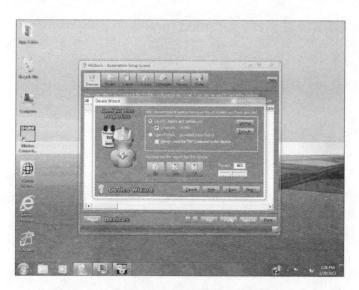

图 5.24　3 个控制功能按钮现在是可操作的

　　单击屏幕的设置按钮提出设置设备，如图 5.25 所示，额外的设备设置是可以修改的。最好来检查状态监测设备是否启用支持特性。其他个人偏好的项目选择可以以后进行改变。

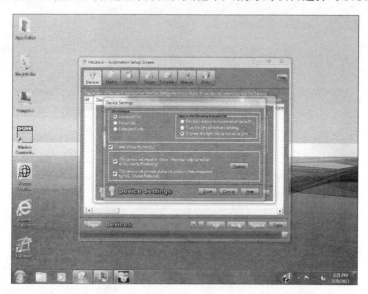

图 5.25　在 on 指令或 Dim 指令上选择了全亮功能

　　设置设备选项后，单击完成，然后单击 Next，此时出现了语音访问和日志窗口。

　　原型计算机系统选择的是语音访问，并经过口头指令确认后，确认的动作才被执行。这意味着 HALbasic 将总是对每一个它所"听懂"的指令都要鹦鹉学舌般的回复。同时，这种回复也是一种隐含的提问，所以也必须回答以确认将要执行的操作。当操作完成后，你将收到语音反馈以表明行动是否执行，或者 HAL 不能执行或者操作取消等。随着时间的推移，你将会了解在哪些地方需要这样的语音反馈，哪些地方不需要。在日后需要删除这些语音反馈时，只需要返回到该屏幕中，将那些不再需要语音反馈的设备取消相应选中的复选框就可以了。

单击 Finish 按钮，所有的细节都被写在 HALbasic 控制数据库中。

到此，餐厅的灯光设置就完成了，下面就可以进行其他的灯控制器设置了。在此，从客厅开始，在 HALbasic 自动化设置屏幕，高亮 Device 设备选项卡，并单击 Add 按钮，就会看到本书原型计算机系统客厅照明入口。

在完成了设备控制器信息设置后，进入如图 5.26 所示的属性配置窗口。注意客厅的灯相比餐厅的灯已经设置为一个不同的亮度水平。对于调光灯，其亮度值从 50% 开始，是一个不错的选择。

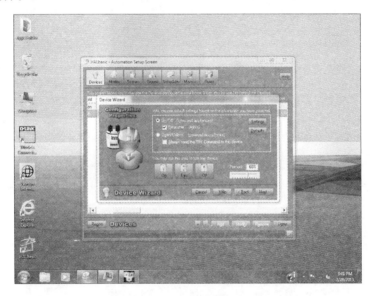

图 5.26　调光比例设置为 60%

其余的设置过程与餐厅灯的设置一样，并且为处于一个新的位置的照明灯仔细输入正确的名称、编码以及相应的条件。以上设置均完成后，单击 Finish 按钮，将又返回到自动化设置屏幕，如图 5.27 所示。同样，在如图 5.27 所示的屏幕中，当再次完成上述设置步骤时，在控制数据库中就有两个位置和设备，一个编码为 K03，另一个编码为 K09。

第三步是安装控制模块，这只是一个 HALBasic 软件控制的远程双控开关。当你用控制模块代替传统照明灯控制时的操作如图 5.28 所示。

在本书的原型计算机安装时，如图 5.29 所示的模块用于厨房的咖啡机控制。对于 HALbasic 软件来说，不仅要能够远程控制一个电器通电，同样也要能够控制一个电器断电，其重要性是完全一样的。

除此之外，将此处的输入与控制模块的信息相匹配也是很重要的。在大多数情况下，都会有一个准确的制造商和型号。X-10 的最佳匹配是型号为 AM486 的两脚极化模块如

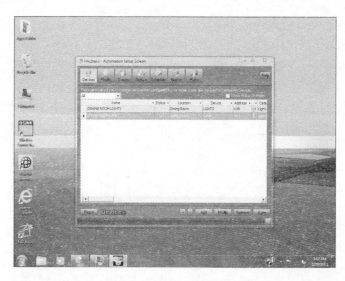

图 5.27　可以通过高亮或单击窗口底部的 **Modify** 修改按钮，添加更多的设备或修改已有的设备

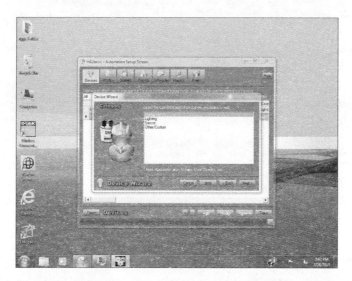

图 5.28　在设置屏幕通过选择现有设备并修改其亮度设定以简化设置过程

图 5-30 所示。

　　在模块型号和制造商信息输入后，还要继续输入正确的家居和单元编码，如图 5.31 所示。控制模块会接收到所有的控制指令，但只会对那些编码与其自身的识别码相同的指令做出响应。

　　如图 5.32 所示，当编码输入完成后，即进入到向导，可以使能所有必要的语音反馈，直到又回到自动化设置屏幕。当用鼠标右键单击控制数据时，可选择执行的操作有 3 个：接通 Turn On、关断 Turn Off，获取状态 Get Status。在该屏幕中，如果之前没有进行过类似的工作，可以将电器控制模块插入电路来测试这些选项的动作。此时，可以听到电器控

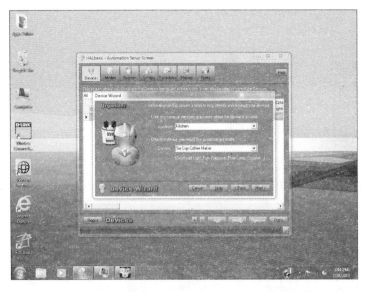

图 5.29　现在应该很熟悉这个设置窗口了

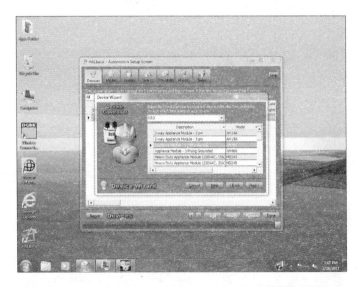

图 5.30　输入制造商并向下滚动，直到找到控制模块的最佳匹配

制模块中开关接通和断开的声音。当测试开始时，还要确保电器自身的开关是处于接通的位置，以便当控制模块将它们接通时能够真正接通。

　　现在，照明灯和电器已经配置好了，是时候给系统添加插座了。返回到如图 5.33 所示设备向导的类别屏幕。因为 Receptacle 不在下拉列表中，所以选择 Other/Custom，定位到下一个输入条目。

　　按照向导的引导，如前面所进行的步骤，设置所有设备信息和控制编码，直到进入如

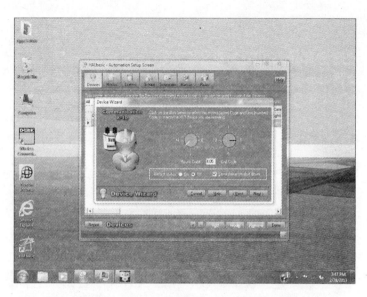

图 5.31　为使所有设备运转正常，这些编码都必须具有唯一性

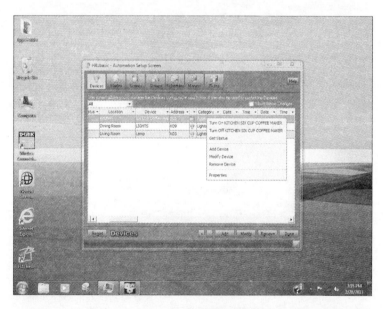

图 5.32　用鼠标右键单击一个输入项时将弹出一个控制选项菜单

图 5.34 所示的配置属性窗口中。注意，Dim 的选项是灰色的，对于该插座的测试来说，唯一可操作的动作就是接通或关断插座。当设备测试完成后，单击 Next 按钮。插座测试可使用两盏灯来进行，一盏用于直通口的测试，另一盏用于被控输出口的测试。

　　在所有的登记和配置选择都完成后，单击 Finish 按钮，返回到如图 5.35 所示的设置屏幕，此时有 4 个完成了配置的设备。

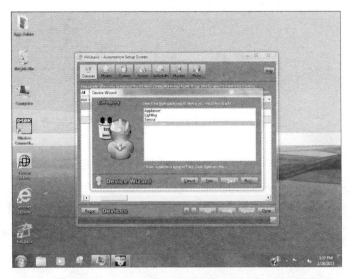

图 5.33　Other/Custom 用于选择那些下拉列表中没有的项目

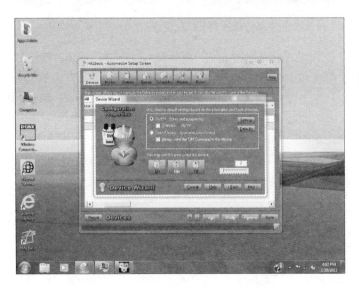

图 5.34　在这个屏幕测试被控插座

注　意

故障排除说明。设备测试中，所控制的灯或设备如果没有接通，则需要进行检查，确保被控设备自身的物理开关处于接通状态。如果将设备插入到直通的插座，确保设备自身的开关是处于接通的位置，则需要确认设置过程中所有的控制编码的输入是否正确，一个错误的字母或数字都可以决定成败。

图 5.36 显示的是模式设置窗口。该安装的第一个模式是表示正常模式的 Normal。对于模式来说，你关注的重点是整个系统，而不是某一个特定设备的改变。随着控制设置的

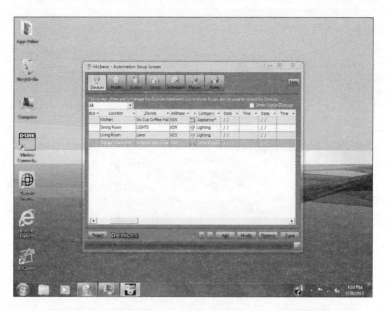

图 5.35　现在所有的 4 个已配置设备都出现在设置屏幕中

进行，一些将要建立的新的模式可能是表示夜间模式的 Nighttime，该模式下，所有睡眠不需要的照明、电子设备和电器都将关断或变暗；还有表示周末模式的 Weekend，用于周末旅行时专注于节能；表示休假模式的 Vacation，此时控制的中心任务是加强家居的安全防护。这些主题将在以后的章节进行更详细地讨论。

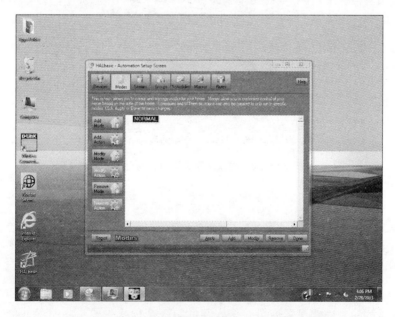

图 5.36　默认的家居模式设置是表示正常的 Normal

5.2.1 基于时间的控制例程

现在我们的设备已经在 HALbasic 中进行了安装和配置，也到了可以将一些 HALbasic 应用程序的功能付诸实施的时候了。在本节中，我们将创建基于时间的控制事件。首先，单击 Schedule 选项卡，如图 5.37 所示。因为我们还没有配置任何时间表，所以只有 Add 按钮是可用的。单击 Add 按钮，弹出调度安排向导窗口，如图 5.38 所示。

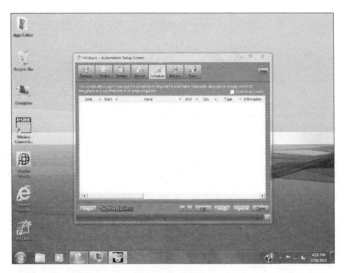

图 5.37 设置屏幕中的选项卡用于显示选中的控制数据库条目，以及选择添加、修改操作

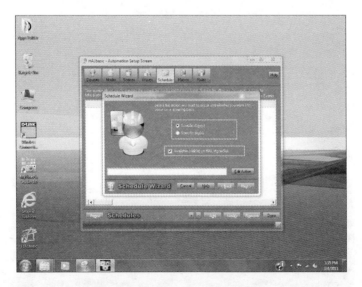

图 5.38 调度安排向导用于输入按日期和时间来执行的控制动作

在调度安排向导中，首先要选择的是将要执行动作的设备。单击动作编辑按钮 Edit

Action，可显示可用设备的列表，如图 5.39 所示。

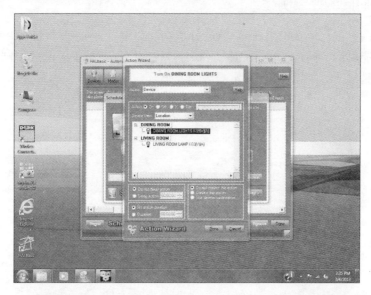

图 5.39　高亮显示的餐厅灯光 Dining Room Lights 以备调度

选择一个设备后，可以选择延时动作和确认的选项。如图 5.40 所示，当设备和选项都选择完成后，单击 Finish 按钮，将会返回到调度安排向导窗口。此时，打开餐厅灯的动作 Turn on Dining Room Lights 将出现在动作域中。在该窗口中，选择指定日期单选按钮 Specific Day（s）（逗点），然后单击 Next 按钮，会弹出如图 5.41 所示的屏幕。这两个点选按钮是来回切换的，单击选中一个，将会取消另一个的选择。

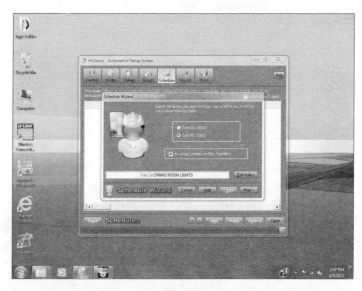

图 5.40　为下一个步骤选择使用日历或者是天数

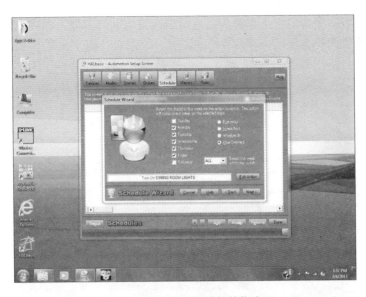

图 5.41 显示所有所选择的指定日

注　意

　　在本书原型计算机的安装中，从周一到周五的每一天都有相应的复选框与其对应，因此，餐厅灯也将相应地可设置为在星期一到星期五的某一天或某些天来打开。单击 Next 按钮会显示如图 5.42 所示的窗口。

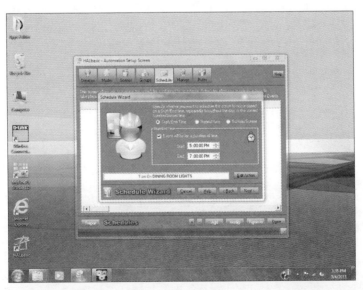

图 5.42 在需要时可以通过勾选 Start/End Time 来进行开始/结束时间的设置

图 5.42 中的时间设置框设置的时间事件是从每天下午 5 点到 7 点的，该时间也可以

通过单击时间设置框旁边的上下小箭头来进行修改。当开灯时间设置完成后，可单击 Next 按钮，则调度安排向导会显示一个如图 5.43 所示的窗口，用于家居模式的选择。当前可用的家居模式只有一个 Normal 的正常模式。

在该窗口中单击 Finish 按钮，则离开该屏幕，返回到如图 5.44 所示的窗口。

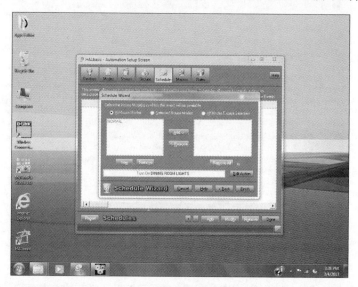

图 5.43　需要时可以创建一个新的家居模式以快速设置与其对应的动作

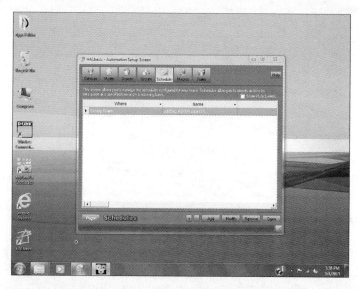

图 5.44　此时显示的为 HALbasic 所存在的按照预定时间动作的一个调度安排表

在图 5.45 所示窗口的标题对话框的底部有一个滚动条。用鼠标单击水平滚动条，将其移动到适当的位置附，可以查看刚刚使用这个有效的向导所输入的数据字段。

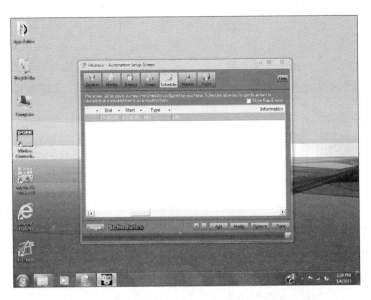

图 5. 45　此处显示的是所输入的结束和开始时间

如图 5.46 所示，向右移动滚动条将显示未显示的字段和数据条目。

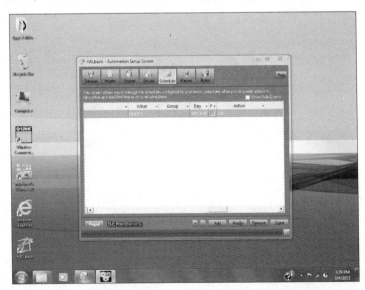

图 5. 46　注意，在标题为日（Day）的字段中显示的为选择日的英文缩写

单击底部的 Done 按钮可返回到桌面。

进行 HALbasic 的设置就像是在完成一个拼图游戏，我们所做的一切都是力图将一些碎片和部件放置并连接在一起，最终使其成为一个非常有序的图片，以控制家居中所有可控的事情。放置到图片中的每一个碎片都是独一无二的，但是所有的碎片都可以按照居住者所希望的视觉效果和感受来进行协调和组织。设置向导就是将这些碎片放置在正确的地方，并提示你做出正确的决定，按照你的喜好定制一个智能家居控制系统，以满足居住者的特定需求。在此，HALbasic 以 X-10 电力线接口模块（Powerline Interface Module，PIM）及 X-10 控制模块作为一个开端，来展示智能家居究竟能实现哪些可能的功能。尽管如此，这也是一个良好的开端，在下一节给我们介绍更多的 HALbasic 功能体验。

5.2.2　语音控制指令

为了训练和使用语音控制选项，智能家居计算机需要一块兼容的声卡。在本书的原型计算机中，声卡是集成在系统主板上的，并且是工作于 Windows 操作系统的。对于许多人来说，在体验智能家居能做什么之初，一个主要的目标就是要使用自然语音来控制家居中的一些事物。在这一点上，对于本书的原型计算机系统来说是一件简单的事情，并且可使用一些廉价的设备来实现语音指令的功能。首先，在最初的安装配置过程中，所必须配备的仅是一个类似于在 PC 上进行 Skype 通话那样的好的计算机耳机。我考查了一下当地的 Staples 商店，发现了如图 5.47 所示的耳机的价格为 20 美元。因此，当前的预算将体现出耳机的附加费用。如果偏好或者是有现成的设备，也可以使用立体声麦克风和用于播放的计算机立体声扬声器。

> **注　意**
>
> 配有重低音麦克风的 GE 立体声计算机耳机的花费为：20 美元。
> 因此，目前为止本书的原型计算机总成本为：1179 美元。

GE 耳机是一种多功能产品，自身带有用于连接其他设备的多种插口的电缆和插头，除了连接计算机的声卡，还能够连接智能手机和苹果公司的产品，如图 5.48 所示。

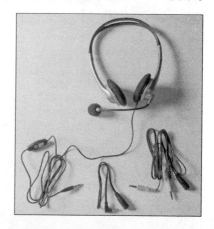

图 5.47　塑封包装的通用立体声耳机　　　　图 5.48　模拟音频电缆及各种用于匹配
　　　　　　　　　　　　　　　　　　　　　多种类型设备的不同规格与配置的插头

检查家居的接线，确保控制模块都插入了照明灯，电力线接口模块都安全地连接到正确的位置。这一切都完成之后，就可以尝试使用自然语音来控制家居设备了。但是还要暂停 1~2min 来思考一下语音指令中有哪些困难的问题。我们每个人在讲话时都是有点不同的，一些低语音稍低，一些语音稍高，一些语音音量较大，一些语音音量较小，还有一些带有口音。计算机和 HAL 必须接收这些语音，并且仔细地将这些声音转换为数字化的模式，然后将这些模式与指令集中所识别出的单词进行匹配，最终通过控制协议的恰当动作将这些动作指令发送到相应的设备。

为了能够通过 HALbasic 的语音和听觉功能开始一段控制对话，需要将麦克风、耳机或扬声器安装在计算机声卡的相应插口上。许多计算机的机箱前部都设有耳机连接插口，并且有相应的符号来代表麦克风插口和耳机插口。当麦克风和耳机或扬声器都连接好，并且电源都接通后，就可以通过桌面图标加载 HALbasic，并给它一点儿时间进行加载。

在加载过程中，在扬声器或耳机中将会听到一段数字语音：

"欢迎来到智能家居生活为您提供的 HALbasic。"

HALbasic 现在还不能实时听到你的语音，因此需要到桌面托盘的上角，单击耳形图标，并说"关闭餐厅灯"指令，你会观察到该图标被激活以及图标前面的声浪线。

我说："关闭餐厅灯。"

HAL 说："确定关闭餐厅灯?"

我说："是的，请。"

注　意

语音指令的世界。下面这些语音指令只是 HAL 可以学习和理解各种类型的语音指令的样本，通过软件播放来看看还有哪些可能的语音指令，以及如何使用最自然的方式发布指令，以获得最佳的效果。

"关掉餐厅灯"

"关掉餐厅的灯"

"断开餐厅灯开关"

"关掉餐厅灯"

"关掉客厅灯。"

"餐厅灯关闭。"

"关掉客厅的风扇。"

"打开客厅风扇 30 分钟。"

"餐厅灯关闭一小时。"

"走廊灯请关闭两小时。"

"前门廊灯请打开一小时。"

HAL 说："我已经关掉餐厅灯。"

经过短暂的停顿之后，HAL 说："你还在吗?"

我说："是的，再见。"

HAL 说："再见"，并且停止监听新指令。

为了将 HALbasic 从后备状态唤醒，个人助手里设定了一个默认的召唤词，就是"计算机"。当我下一次说"计算机"时，HAL 说，"我在这里"，并且等待一个新的指令。我说，"再见"，因为我现在要做的都做完了，HAL 说，"再见"。

此时，图标前面的波形又消失了，代表 HAL 停止了监听活动。到此，如果所有这一切都是第一次呈现在你面前的话，作为一个最终用户和成功的 DIY 者，你将会像一个小孩在糖果店里一样的激动。

对于 HAL 音频设置中可能会出现的困扰也不必过于纠结，或许换一个更好的麦克风就能解决。但是无论如何，在 HAL 出版物、Pdf 或屏幕帮助菜单中学习语音指令词汇都是非常必要的。去图标菜单，找到我能说什么，单击它能遵循的指令行动词汇的链接。转到图表菜单去发掘可以和 HAL 交流的语音指令，并单击它，按照所给出的语音指令词汇链接来了解这些单词所对应的动作。

随着 HAL 说再见，也是本章说再见的时候了。但这也不一定意味着可以停止 HAL 调度安排或者语音指令以及屏幕设定的应用练习，仍然需要不断地进行语音指令的练习和使用。

在进行下一章的内容之前需要做一些 HAL 的实践和体验。毕竟，对于致力于任何一种新技术的 DIY 爱好者来说，都是需要通过阅读、研究，并且从实践中不断积累经验才能学成的。其成长的经历一般也是从入门者（一个想要学习的人）到初学者（学到了一些，但仅限于一些规则或过程），再从新手（基本理解了其工作原理）到技师（不仅知道工作原理，而且能够使它们协同工作），最后才是成为该领域的专家（可以应用基础知识来做一些别人没有做过的事情，亦即所谓的创新）。

第6章

项目3，室内及室外照明控制

在前面的章节中介绍过，X-10 控制装置可以用来打开或关闭被控制的灯，并实现灯光的亮度调节。在前一章中介绍的原有的室内布线在智能家居中只起到了有限的作用。在本章中，我们将修改照明设备的打开/关闭/调暗操作的单个位置控制，安装并使用 UPB，实现复杂布线环境下对门内外照明设备的多个位置控制。要想完成这个任务，必须要熟悉现有的家居布线系统。此外，要在多个位置控制灯或设备，还需要在家中安装三端或四端开关。

关于室外照明控制方法，以前使用的是利用带有时钟的光电池（感光）控件来进行控制。伴随着由计算机到 UPB 控制器的自动控制的使用，这些较旧的设备已经过时，很少被使用，目前可以由智能家居软件来控制实现智能家居。例如，可以使用自动化设置屏幕和向导根据当地日出和日落的时间自动匹配灯光打开和关闭的时间。

在本章中，开关和控件可以利用以前的 X-10 技术，也可以利用一个更新的、更通用的技术。这项技术就是 UPB（Universal Powerline Bus），即通用电力线总线。一个更加可靠和强大的控制协议集通过线路电压通信标准被整合到了 UPB 中。如果你没有买入或者手里没有现成的 X-10 设备，购买一个 UPB 并在每个智能家居应用程序中使用它将会是一个不错的选择。图 6.1 所示为 UPB 有关控件，从左上方起，依次是 UPB 灯的控制组件、UPB 电器控制组件和 UPB 远程开关。图中的下部是一个 UPB 计算机插件接口组件，该组件通过 USB 接口实现接口组件与计算机的连接。设备控制模块的功能与第 5 章中介绍的 X-10 设备的功能类似，所不同的是它们遵循 UPB 标准并且通过 UPB 接口进行通信。

> **注 意**
>
> 室内或室外？仅限室内使用的产品不能在户外使用。只有经过核定的室外使用的产品可以在室外露天使用。大多数插件控制模块不能在户外使用。房屋内部也有室外照明开关，在屋内也可以控制室外照明。

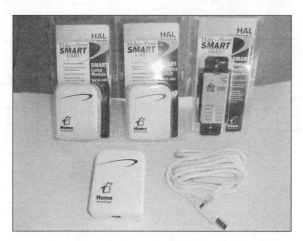

图 6.1　UPB 控制模块、远程开关和 UPB 接口设备

6.1　室内和室外照明电路的开关

　　本书主要是针对初学者，本章我们将使用简单易懂的方式向读者介绍关于 UPB 的基础知识，主要介绍 UPB 主要应用于远程自动控制，并提供了一个将它们整合组成稍微复杂一点的房屋布线方案。家里的部分照明区域已经连接了一些三端（在两个位置开关）或四通端（在 3 个或更多位置的开关）开关，所以在本章中还将介绍有关的布线配置方法。很多时候可以用 UPB 控制开关来代替现有的开关，并且实现多数情况下的远距离控制。花点时间回顾一下第 1 章中关于多个开关位置和电流/功率加载的知识。注意，现有的开关在安装时开关盒可能比较浅，而用于 UPB 控制的开关安装要求的深度比较大，所以 UPB 控制的开关安装可能会受到限制。如果家中有可以使用的墙体空腔，或许要将开关盒移动到墙体深度较深的地方。在任何情况下，要注意所购买的开关所需的开关盒的深度，以确保可以正常使用它们。

　　在许多家庭电气箱里有多个开关，简称多位开关盒。使用多点开关要求多个开关在一个多位开关盒中共享空间。当使用电气箱里的复合控件时，一定要注意控件制造商提供的评级信息。例如，你可能使用 UPB 控件控制额定功率为 900 W 的白炽灯，但当与其他设备混用时，并置的设备可能会降低此控制器至 500 W 功率。下调功率既会损害设备，又会造成设备过热，甚至造成火灾。如果你觉得有必要重新布线，或者要做一个全新的布线时，一定要遵循 NEC（美国国家电气法规）的规则和忠告，以确保你所做的工作符合最新的建筑和布线规则。你也可以聘请专业电工来完成此项工作。

> **警　告**
>
> 　　做工程时，要注意个人安全，一定要正确和规范地进行安装。正确的安装和设置是任何的 DIY 项目终端用户最重要的目标。

学会区分不同控制类型的照明灯具非常重要，因为并不是所有类型的照明灯具都允许使用调光控制。使用变压器的荧光灯、金属卤化灯和一些低压灯具不能使用 UPB 控制器来调节灯光。为确保照明灯具支持调光，一定要清楚这些限制。如果你自己将白炽灯变换到 UPB 控制的荧光灯，那就不能实现调光控制了。支持调光的低压照明可以用一定型号的磁性变压器来实现，使用变压器时要查阅由制造商提供的变压器的参数表。要注意的是，低电压照明要确保变压器负荷不超过额定功率的 80%，并确保变压器功率不超过要使用控制器的功率。在日光灯、电动机、风扇、电磁阀、继电器和其他不可调节设备上，UPB 的调光总控开关是无效的。

6.2 现有多点开关

家庭中一些经常使用三端或四端照明的可能位置如下：
1）玄关灯，由室内开关和室外开关控制。
2）车库和居室之间的通道灯，开关在车库里和居室里。
3）长廊灯，开关在长廊的两端。
4）地下室中的灯，开关在楼梯的上部和底部。
5）有多个入口通道的大房间的灯，开关在每一个入口处。

开始实施项目之前，首先要清点家中的照明情况，然后列出想要用 UPB 控制的室内和室外的灯。制作一个类似于表 6.1 的表格，至少留一列作为备注。表格标题包括房间、开关位置数、设备数、总功率、能否调光以及控件的 ID 号等。

表 6.1 照明灯控制点清单

房　　间	开关位置数	设　备　数	总　功　率	是否调光	控制 ID 号	备　　注	系 统 名 称
餐厅	2（三端）	3	300	是	（X-10）房屋号 F 设备号 4		餐厅
餐厅	1	1	60	否	无	光电池	无
客厅	1	2	150	否	（X-10）房间屋 F 设备号 5		客厅
楼梯间	2	1	100	否	无		无
门廊	1	2	120	否	（X-10）房间屋 F 设备号 6		门廊灯

在现有的家庭结构化布线中，已经具有三端开关和四端开关的布线，我们只是要用与以往稍微不同的方式来使用该布线。除此之外，还必须确定安装 UPB 主控制器的正确位置，并且知道如何使用现有的布线来连接新的远程开关。第 1 章中的图 1.20 给出了三端

开关的样式。你可能还会记得，三端开关在双控电路（两个开关控制一个电器）和多控电路（3 个或多个开关控制一个电器）中都会用到。同样第 1 章中的图 1.21 显示了一个四端开关。在非自动照明电路中，若要在 3 个或 3 个以上位置控制同一盏灯，则必须使用四端开关。分别用 3 个开关控制同一盏灯时，就要同时使用两个三端开关和 1 个四端开关。当控制同一盏灯的开关多于 3 个时，就要增加 1 个四端开关。下一节的内容将会帮助你搞清楚现有的家居综合布线情况。

这里要提醒大家的是，本书讨论的家居布线是按照惯例，安装时符合规范的布线方法。你家中的一些电路布线可能、甚至很有可能是不规范的。非专业人员所犯的最常见的错误之一是将零线连接到开关上，如果这样的话，日常维护时对更换灯泡的人来讲，他们毫无防备，这种错误可能会使他们面临生命危险。我认为"业余爱好者"和 DIY 爱好者完全不同。DIY 爱好者愿意花时间去学习相关知识，这样就能按正确的方法做事，并将事情做好，而"业余爱好者"只是做他们以为正确的事情。如果你遇到这样的情况，发现有不符合现有的惯例和规范的地方，可以咨询一下你周围的专业人员，让他们来帮助纠正偏差。

6.2.1　解读现有的家居布线

本节将帮助你解读现有的家居布线。对现有的家居布线情况充分了解后，将有助于你明确在项目中可以完成何种操作，以及在未来的智能家居项目中可以实现哪些功能。

1. 从单一位置控制照明灯

在照明控制方法中，最常见的情况是一处开关控制一个或多个灯具，很多家庭也都有与电源插座全连或者部分连接的一些开关。

单个开关有两种可能的布线解决方法。图 6.2 是家居布线中使用单点开关时最常用的开关布线图。在图 6.2 中首先将地线、零线和相线从熔丝或断路器盒连接到开关盒，然后将相线连接到单级开关的一个接线端子上，从另一个接线端子引出的导线再与零线和接地

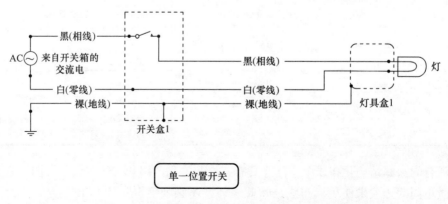

图 6.2　单一位置控制的单极开关的开关盒连接示意图

线一起连接到天花板或墙壁上的灯具盒上。若要用 UPB 控制开关来控制灯，这种布线方法是最便利的一种方案。虽然这种方法实际上是在单一位置控制照明设备，但是也可以将这种连接方法称为"标准两端"开关。

图 6.3 显示了单一位置控制开关的另一种布线方法。这种布线方法先将地线、零线和相线从熔丝或断路器盒连接到天花板或墙壁上的灯具盒上，然后将引出的相线和接地线一起连接到开关盒的位置，将相线与开关的一个端子连接，这样灯具盒里就通电了。白色线一般作为零线来使用，但当开关中的护套电缆出现下列情况时，即白色线的两端是黑色或其他颜色时，表明它不能再当作零线来使用了。如果你家中的布线出现这种情况，你就不能使用需要连接零线的 UPB 控制器了，但是你可以通过重新布线来使用 UPB 控制器，或者选择使用 UPB 主控制器，这样就不能手动控制该灯具了，但这样就会增加相应的费用。如果你家中或者该位置的布线是通过下线管来实现的，可以通过下线管引一条零线到该开关盒。不要将接地线作为零线来使用，如果这样用，电流沿接地线回流，这是很危险的。

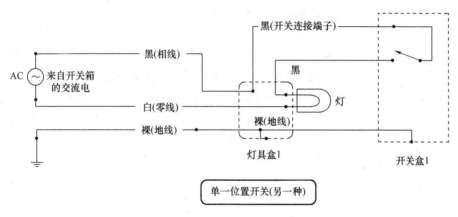

图 6.3 单一位置控制的单极开关的开关盒另一种连接示意图

2. 从两个位置控制同一盏灯

从两个不同位置控制同一盏灯称为双控，图 6.4 显示了这种双控电路的布线方法。首先将接地线、零线和相线从熔断器或断路器盒中连接到第一个三端开关，黑色的线（相线）连接到三端开关的公共接线端子上，将第一个三端开关中的接地线、零线和另两个非公共连接端子引出的跑线连接到第二个三端开关盒。从第一个三端开关盒引出来的两束跑线分别连接到第二个三端开关的相同两个非公共连接端子上。从开关中引出的跑线颜色编码取决于所使用的电缆或布线的类型。通常使用四线电缆连接三端开关盒，导线颜色分别是白色、裸色的铜线、黑色和红色，从非公共连接端子上引出来的两束跑线分别是红色和黑色。将第二个开关盒的三端开关的公共连接端子以及零线和接地线一起连接到灯具盒。三端开关的连接端子都使用了不同的颜色，两个引出跑线的非公共连接端子颜色相同，通常是黄铜线，常见的还有黑色或银色。绿色的连接端子是用于连接地线的。

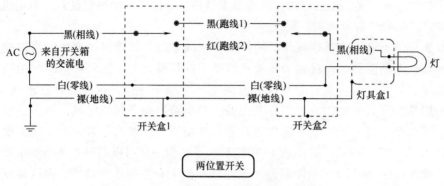

两位置开关

图 6.4　三端开关实现的双控电路布线图

3. 从三个位置控制同一盏灯

图 6.5 所示的是从 3 个不同位置控制一盏灯或有关联的一组灯的典型布线图。图中的部分布线与图 6.4 中的连接方式相同，所不同的是跑线间插入了第三个开关。四端开关具有 4 对触头，其中包括两对"输入"触头，两对"输出"触头，每对触头都有输入或输出标记。一个三端开关与电闸盒相连，另一个三端开关与灯相连；四端开关连接在两个三端开关之间的跑线上。四端开关的有两种位置状态：第一种位置是将图中的 2 号跑线和 4 号跑线相连，同样，也将 1 号跑线和 3 号跑线的相连；第二种位置是将开关的连接触点交叉相连，即将图中的 1 号跑线和 4 号跑线相连，同样，也将 2 号跑线和 3 号跑线的相连。一个三端开关的两束跑线要与四端开关的输入触头相连，第二个三端开关的两束跑线与四端开关的输出触头相连。改变任何一个开关的状态都会使灯的状态发生变化，改变另外两个开关中任何一个开关的状态，也会使灯的状态发生变化。

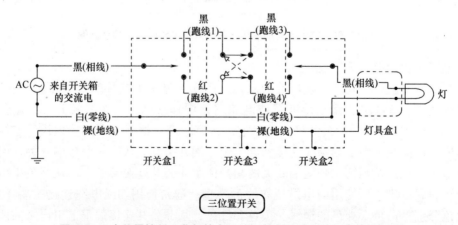

三位置开关

图 6.5　3 个位置控制一盏灯的由三端开关和四端开关组成的原理图

4. 从四个或更多位置控制同一盏灯

若要从 4 个甚至更多的位置控制一盏灯，就要在两个三端开关之间的跑线上连接 2 个、

3 个甚至更多的四端开关，实现原理与图 6.5 所示的从 3 个位置控制同一盏灯的原理相同。当开关位置发生变化时，四端开关会选择将跑线两端直接相连或者交叉连线的方式实现电力的传输。

在实际生活中，可能会出现以下情况。在布线过程中电工或安装人员没按照规范安装电缆，在 4 个位置控制一盏灯的电路连接线上只接了两束跑线却没有连接零线，这种情况下就需要重新布线。若没有零线存在，四端开关就仅仅是只有两根绝缘导线进出开关盒。没有零线时开关可以使用，但是相线与灯具之间无法连接。

在 4 个或更多的位置控制同一盏灯通常采用的连接方式如图 6.6 所示。

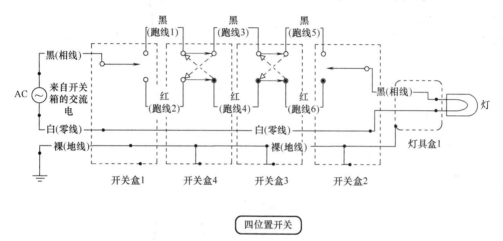

图 6.6　从 4 个位置控制一盏灯的由三端开关和四端开关组成的原理图

图 6.7 显示了移除现有的开关设备并使用 UPB 开关取而代之的安装原理。

使用 UPB 控件与原来的开关相比较，主要区别只有一点：对照明灯来说，只有一个携带和控制负载电流的主控开关，其余开关都是远程开关，它可以利用控制信号电流来控制负载。另一个差别是，若远程开关已经可以有效使用，它还可以显示出远程开关支持的所有可用的电路状态指示灯。

6.2.2　适于 UPB 控件的现有家居布线

在过去，新建房屋就已经具备长度大约为 1mile$^{\ominus}$ 控制线路，以及正常的载流导线。想要添加控制线路几乎是不可能的，在现有状态下添加控件代价也非常昂贵。目前，用于实现智能家居的软硬件产品都已非常完善，现有的家居布线系统几乎无须改变就可以满足大部分房主的自动化需求。通过本节内容可以看到，使用现有的家庭布线系统去自动控制房屋内的灯、电器、电子和机器元件是多么的简单。

$\ominus$　1mile = 1609.344m，后同。

1. 单一位置 UPB 控制的照明灯

如图 6.7 所示，在安装与电闸盒连接的单一开关位置的 UPB 控制模块时，开关上的黑色导线与从电闸盒引出的黑色导线相连，UPB 上的白色导线与从电闸盒引出的白色导线相连，并连接到灯具。裸线或绿色的地线与电闸盒的地线相连，或连到金属盒子上，并与连接到灯具的裸线相连。UPB 开关的棕色线与连接灯具的黑线相连，将 UPB 其余未使用的导线插上接线帽并且压紧，用胶带绑好。一定要根据所使用的导线粗细选择合适的接线端子。

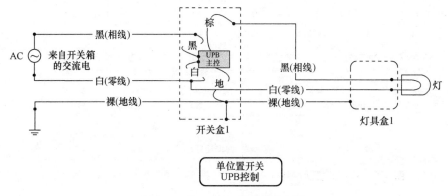

图 6.7　单一 UPB 控制单个灯具

正确的安装方法是，首先将地线推入开关盒后部，然后依次将接零线（白色）、相线（黑色/棕色）推入。因为 UPB 开关厚度至少 为 1.5in，所以要尽量将导线固定在开关盒子的后部。不要用蛮力放置 UPB 开关，也不要使用安装螺钉强行安装。如果开关盒深度不够深，就要更换一个深度更大的开关盒。如果开关盒内的导线影响了 UPB 开关的安装，可以将导线整理平整或折叠放置，如将盒中导线整理到四周，腾出空间安装 UPB 控件。在安装一个新的 UPB 之前，要将护套线剥出 4～5in，以便于接线。

图 6.8 显示了一个五线主控开关及其接线端子。

图 6.3 所示的布线方式在现有的家居布线中并不常见。就像前一节中提到的，你仍然可以使用 UPB 控制，但必须做出选择，要么重新布线，要么放弃手动控制，或者在前端接线盒中安装 UPB 主控制器，并且在开关的末端安装一个远程开关。如果现有的设备盒太浅或者太小，装不下 UPB 主控器，这种情形对 DIY 者来说可能更为复杂。大多数情况下，考虑到天花板腔和墙壁有足够的空间，如果必须更换设备盒时，可以使用这些空间来放置控件。这样的话，就可以在灯具盒中安装 UPB 控件了。首先将熔丝盒中的黑色导线与 UPB 主控制器连接，然后连接地线，如果设备盒是金属的，则将地线连接在金属盒上。

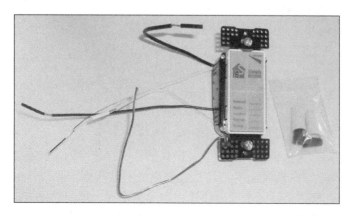

图 6.8　UPB 主控开关导线的颜色为白色、黑色、裸色、棕色和棕色/白色

最后将所有零线连接在一起，包括电源线、UPB 主控制器线、灯线，以及一个向下连接开关盒的线。此时单一位置墙壁开关的连线就连接固定完毕。

如果护套电缆用于开关盒，将白色导线的两端处的带颜色的胶带去掉，当作零线来使用。如果这两个连到开关盒的导线都是有颜色的，选出一根线用白色胶布标记零线，线的两段都要做标记，设备盒和开关盒也要这样做。在同一个电闸盒里的两个断路器可能都有负载，所以用一个交流电压表测试一下，以确保没有其他活动负荷。当使用的零线没有白线的标记时，要使用欧姆计或一个连续性测试器来确定该导线确实为零线。另一条要连到开关盒的导线，将连接到 UPB 主控开关的远程线（红色）上，该远程线与远程开关的红色远程线相连。安装完成时，远程开关上将连有零线、地线和远程线。在开关位置将零线与远程开关的白色线相连接，输入的黑线（远程线）连接到远程开关上的远程线（棕色/白色）。接地线连接到开关的地线，如果是金属盒则连接到盒子上。

图 6.9 显示了远程开关连接和组装之前的外观。远程开关上的棕色线只对远程开关的状态灯有效。如果状态灯不是必须使用的，可以不使用它或将其短接。

在现有布线情况下，要实现原本由使用三端开关实现的双位开关控制的 UPB 控制，布线时需要有零线，并且两束跑线和接地线连接到两个开关盒位置。在 UPB 主控制器安装的过程中，确保主控盒上拥有控制板反馈信号是非常重要的。

让我们来看看如何在现有的房屋布线的基础上，实现多个位置灯具控制的 UPB 主控和远程开关的安装。

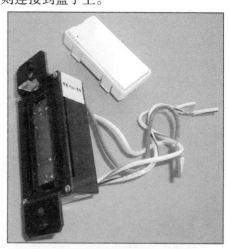

图 6.9　远程开关导线的颜色为白色，棕色，棕色/白色和红色/白色

2. 两位置 UPB 控制照明灯具

将 UPB 主控器与开关盒中已安装好的三端（两个位置控制）开关连接，开关盒与电闸盒已连接完成。开关盒的黑线连接到 UPB 主控器的黑色导线，零线（白色）连接到控制模块上的白色导线，并连接到下一个开关盒。接地线与下一个开关盒连接，如果盒子是金属的话还要将接地线连接到盒子上，最后将地线与 UPB 主控器的地线连接。之前的跑线用作灯具的载流导线并连接到 UPB 主控器的棕色导线上。在第二个盒子，载流导线（连接到棕色线）连接到灯具的黑色线，然后连接远程开关的棕色线。选择备用的跑线作为控制线，用于从第二个盒子中的远程开关接收信号，它连接到主控制器的棕色/白色线，并与远程开关上的棕色/白色线连接。若要依据跑线末端辨别该跑线，则使用红色胶带进行标识。如前所述，第二个盒子中的导线作为相线连接到灯具，它也可以连接到远程开关的棕色线。这样做远程开关上的所有状态灯才能有效。

此盒子用于放置远程开关。零线意味着这个盒子里的白色的导线都连接在一起，在此盒子中还有远程开关的白色导线、第一个盒子里的零线和连接至灯具的零线。第一个盒子中的控制线（现在被编码为红色）将连接到远程开关上的棕色/白色线并且不再连接到其他地方。总的来说，远程开关将被连接到第一个盒子的控制线、零线和相线，这样远程状态灯将会显示。通向灯具的导线分别连接到接地线、零线和第一个盒子中引出的相线。完成上述操作时，UPB 控制两位置开关接线图将与图 6.10 类似。

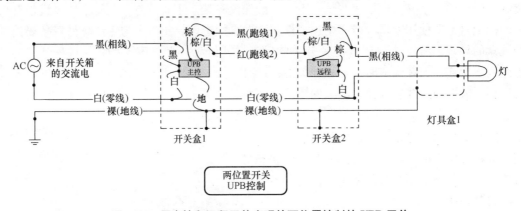

图 6.10　用主控和远程开关实现的两位置控制的 UPB 开关

注　意

接线提示。主控和远程开关的导线头不同颜色的编码表示该导线具有的不同功能，每个厂商的颜色编码可能不一样。使用之前应检查所使用产品的型号，查看说明书和规格表。

---

3. 三位置 UPB 控制照明灯具

四端开关（3 个开关位置）与三端开关的使用方法类似，但是要求控制四端开关的 3 个开关位置都有零线。对现有的四端开关盒要引起重视。装有三端开关的位置必须设有零线，但你可能会发现一种情形，在那里只有两束跑线连接到四端开关。在现有的家居中四端开关可以只有两段导线从四端开关盒连到每个三端开关盒。这种不把零线连接到每个开关盒的方法在当前的电气规则中是不允许的，但有两种情况例外。

　　假使只有一根带有接地线的双芯电缆连接到四路开关盒的位置，你就不得不重新布线，并将零线从第一个开关盒连接到四端开关的位置。在之前的四端开关盒的零线的位置，你要把主控件放在第一个三端开关盒（图 6.11 中开关盒 1）中，然后按图 6.11 所示在覆盖第一个远程开关（图 6.11 中开关盒 3）四端开关盒中重新连接跑线。在四端开关盒里将跑线 1 和跑线 3 连接在一起，成为灯具的载流导线。跑线 2 和跑线 4 作为控制线（变成红色）连接到主控制器和两个远程控制器的控制端。控制线只是一种传输信号脉冲的导线。在第三个开关盒（见图中标记的开关盒 2），将与跑线 3 另一端相连的灯的导线与灯具线连接，并与远程开关上的黑线连接，以启用状态灯。在图 6.11 中，在开关盒 2 中的棕色线未连接到载流导线，所以其状态指示灯将不工作，然而远程开关仍有正常功能。

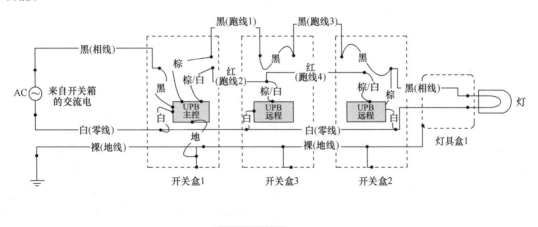

图 6.11　在以前安装的两个三端开关和一个四端开关的位置安装 3 个 UPB 开关

> **注　意**
>
> 　　混合 UPB 和常规开关。请注意，不能将常规的旧式三端开关和四端开关与 UPB 控件和远程开关混合使用，它是一种或的情况。如果决定使用 UPB 控件电路，那么整个电路及所有的开关都必须换成 UPB 设备。

　　如果想要在开关位置多于 3 个的地方使用 UPB，四端开关盒中就必须有零线。图 6.12 显示的布线图是在 4 个位置开关使用 1 个 UPB 主控开关和 3 个远程开关。完成此工作比较困难的部分是从图 6.6 所示布线图正确识别和连接前面的跑线。将 TR5，TR3、和 TR1 通过载流连接到图 6.12 所示的灯具。如前所述，在重新连接 UPB 主控开关和远程开关时始终要确保电路是断开的。当电路不通电时，如果你要使用/重用的线没有足够的颜色标记，用欧姆计或者低电压检验器来检测没通电电路，这样你会确定哪根线通到哪里。在开始安装 UPB 设备之后到完成安装之前，千万不要接通电路。部分电压或连接线路的部分电弧很容易损害主控和远程开关，造成不必要的损坏和更换的费用。如果你觉得需要帮助来做一些改动，你可以聘请持证的电工来更改布线。

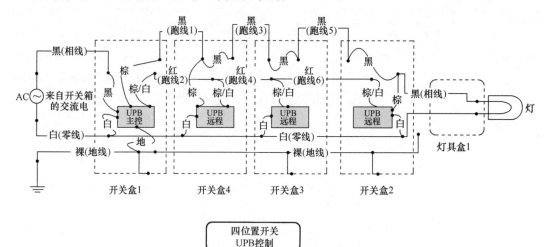

图 6.12　4 个 UPB 开关位置

通过对后面接线图的讲解，我们就该进行安装了。

对于标准的 UPB 切换照明安装，我们将使用 HAL 提供的 UPB 电力线适配器（70 美元）、远程从动开关（22 美元）和简单自动化 US1140W UPB 调光开关（56 美元）。我们将把这些花费添加到标准预算成本。本章前面显示的插件式装置/灯控制设备不包括在这一章预算中，因为它们是第 5 章所述的 X-10 设备的另一种可选设备，其成本与第 5 章中用于 DIY 计划预算的 X-10 设备非常相似。

> **注　意**
>
> UPB 控件/模块/开关标准预算为：148 美元。
> 到目前为止本书的原型计算机总成本为：1297 美元。

请牢记，在大多数现有的布线中，UPB 控制设备的额定电流远远低于标准布线电路的额定值。大多数家庭都把照明灯连接到 15A 的断路器，标准的 UPB 设备单独工作时的额定功率只有 900W 或 7.5A 的照明负载，所以要检测设备功率，保持设备低于最大的荷载，与其他配件组合安装时要注意所使用设备的功率。

UPB 开关设备均配备彩色标记的多股导线，使之与现有的房屋布线连接。与前面的安装一样，对布线系统的连接使用接线端子。安装前 UPB 远程开关的背面如图 6.13 所示。请注意，白色开关摇臂的顶部有一个凹槽，只能从一个方向连接远程开关。可以根据家居需求配备其他颜色的开关摇臂。

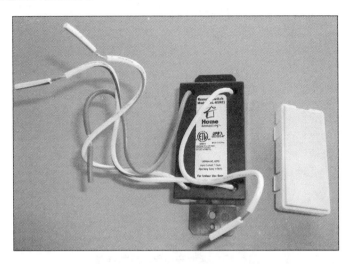

图6.13　为便于连接而剥离部分绝缘体的导线

图6.14显示了安装前的UPB控制模块的背面。注意，连接到开关盒上的螺钉和穿孔的标记。这个沉重的支架和开关两侧的孔眼一起使用，当开关在调光模式运行时有助于散热并将热量传导给盒子的外壳和墙体。

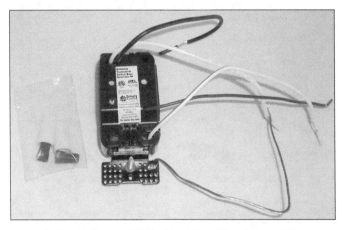

图6.14　UPB主控开关背面和侧面的孔洞在调光模式有助于散热及防止开关过热

6.2.3　连接线路

UPB远程部分安装在一个开关盒里，如图6.15所示。这种配置适合安装在盒子里并且不需要接触的远程UPB控制。此开关的零线、控制线和相线所有的状态灯都在图中连接。

图6.16是一个以前房屋四端开关的开关盒导线连接的例子。3根零线连接在一起，电

源通过电线供电，并连接到下一个开关和远程开关上的棕色线使状态灯工作。红色的跑线连接在一起并与开关上的棕色/白色控制线连接。

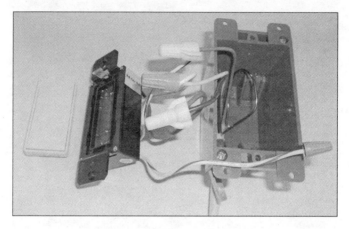

图 6.15　远程开关及其导线连接

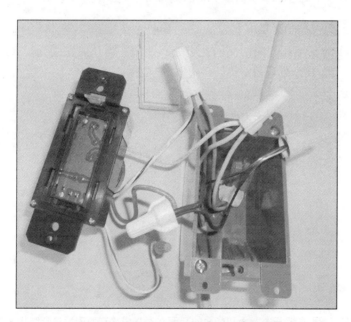

图 6.16　两条 14/3 电线将进入电气接线盒

　　图 6.17 展示了电源输入到接线盒及控制线连接到第一个远程开关的实际连线。将返回端的零线连接在一起接到开关上，再连接至远程开关，最后连接到灯具。接地线始终贯穿整个电路，从盒子一路连到负载/灯具的面板。主开关的控制线与两束跑线之一相连，在本例中为红色的线。主控开关的棕色线与旧的跑线之一连接（在本例中是黑色的线），再连接到灯负载。

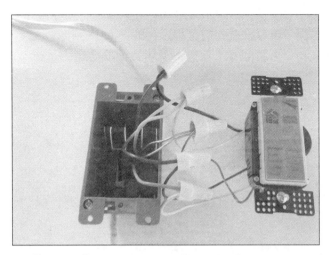

图 6.17 始终要注意连接时使用大小正确的接线端子

6.2.4 UPB 控制适配器与计算机的连接

在第 4 章中已经介绍了 X-10 电源接口模块连接到计算机上的标准 9 针串行接口，智能家居软件通过它可以与项目中使用的 X-10 控制模块建立通信联系。想要使用 UPB 实现电路控制，就需要用到 UPB 电源线接口模块。该模块用于 PC 与控制电灯、电器和家用电子器件的所有 UPB 设备建立通信联系。图 6.18 所示是 HAL 提供的 USB 接口模块 RCI-USB01，它配备了一条用于连接到控制计算机的 USB 线。

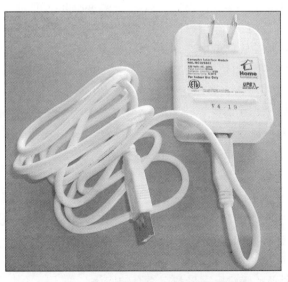

图 6.18 USB 适配器仅消耗 83mA 的电量

安装 UPB 适配线驱动时，将这条 USB 线的一端插入 UPB 适配器，另一端插入已启动的计算机，然后将 UPB 适配器插入可用的 120V 电源插座。在等待片刻之后，应在计算机屏幕下方的系统信息提示窗口上看到信息提示，如图 6.19 所示。提示信息显示 USB 输入设备驱动软件安装成功。当看到这个信息，说明适配器已经注册为 Windows 可用的硬件，这样就完成了 UPB 控制适配器在计算机上的安装。

图 6.19 设备驱动程序安装成功

1. 设置 UPB 控制模块

下一步是对 HALbasic 软件进行设置，以实现通过 UPB 适配器来监控 UPB 设备。要实现这一点，需要打开计算机，并使 HAL 服务器处于关闭状态。这可以通过在 HAL 图标右键单击关闭 HAL 服务器或从菜单中选择关闭 HAL 来实现。

HAL 服务器关闭后便可以启动 HAL 安装向导。显示欢迎和警告窗口后，单击 Next 按钮。在第二个窗口中选择自定义并单击 Next 按钮，将显示如图 6.20 所示的屏幕。若按照第 5 章中介绍的内容，X-10 适配器已经安装完成，那么此时屏幕上应该已经有检测到 X-10/INSTEON 的信息框显示。当完成了自定义设置，HAL 软件会将专有的安装信息存储在一系列数据库中。为了添加 UPB 电源接口模块控制适配器，检查 UPB 框，并单击 Next 按钮。

在下一个窗口中，使用下拉菜单选择适配器。这里选择 HAL USB UPB 适配器，如图 6.21 所示。家用 UPB 设备的网络信息由 8 个变量组成，其中包括网络身份 ID、1 个网络密码和 1 个网络名称等。加入到网络的具有可编程功能的控制设备和控制模块将成为这个电力线网络的命名成员。

输入网络 ID 和密码及任意由字母数字组合的网络名称。UPB 协议支持从 1 ~ 255 不同的网络 ID，每一个网络 ID 还支持从 1 ~ 255 不同的可控单元。大多数家庭可以很容易地用一个网络控制不多于 250 个的可控制设备。输入网络信息后，通过安装向导完成其余的部

图 6. 20　检查相应的选项框以选择配置选项

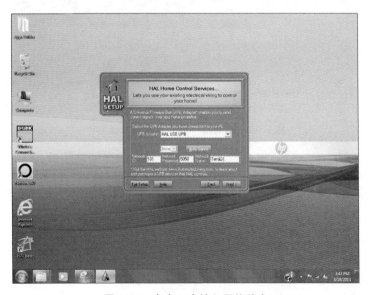

图 6. 21　在窗口中输入网络信息

分，然后单击 Finish 按钮退出设置。

2. 在 HALbasic 中配置控制模块

执行上述操作后，启动计算机，HALbasic 服务器将会自动运行。当 UPB 接口模块插入插座并连接到计算机后还应该在 HAL 中进行设置。设备 UPB 开关和控制模块已经连接或已经插好，合上电闸盒中的开关，系统中连接的所有设备都正常供电。

在介绍 X-10 的章节中，控制模块的信息作为参数标示在设备上。在 UPB 领域，设备有更多的信息存储在可复写的存储器中。HAL 软件通过提供对设备的自动搜索和可编程按钮为模块配置提供很好的帮助。在前面介绍的安装向导中已经确定的网络信息将被 HAL-basic 用来对设备进行编程，每个设备仍然需要确认并输入一些参数，这需要从单击托盘图标进入自动化安装页面开始。第一个窗口显示所有当前配置的设备，单击添加按钮，启动配置第一个 UPB 设备控制模块，接下来显示类别窗口，选择照明并点击下一步。弹出的窗口如图 6.22 所示。在这个窗口中输入照明设备的位置并输入适你设置的一个设备名称。完成上述后，单击 Next 按钮即可。

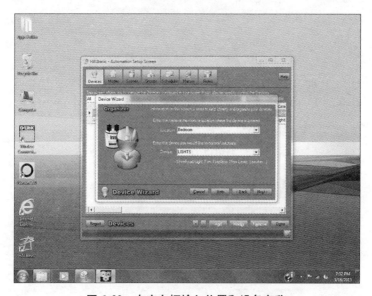

图 6.22 在空白框输入位置和设备名称

接下来将显示图 6.23 所示窗口。输入注释，以帮助保持跟踪设备。针对 X-10 设置，该软件将结合位置和设备名称来命名控制的对象，在这里我们命名的对象是卧室灯。注释输入完成后，单击 Next 按钮。

在图 6.24 所示的窗口中，从下拉菜单选择设备的制造商，从该制造商或供应商中显示已知设备的列表。如图中所示，本书的原型计算机是使用简单的自动设备模块 US1-40 墙壁开关。做出选择之后，单击 Next 按钮。选择正确的设备很重要，因为每一个制造商所生产的控制设备会使用不同的默认值填写的数据字段。做出上述选择之后，单击 Next 按钮。

要使编程的设备在家居布线网络上可见，我们必须确认已经进入安装模式，让设备能播报它的状态，并使其能够在电力线网络上标识自己。启动原来安装的墙壁开关，方法是快速摇动开关上的摇杆 5 次。供电的开关上的状态指示灯将从一个稳定状态的颜色切换到闪烁。在这一点上，转到正在编程的开关，单击摇杆以进入生产商设置的安装模式。返回到如图 6.25 所示的窗口，然后单击查找。图 6.25 系统反馈"找到单元 ID 34"，表示查找成功。正在安装的单元将返回一个相似的数值。如果一段时间内找不到设备单元，将显示

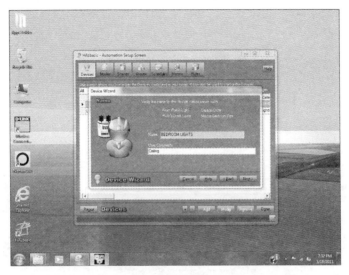

图 6.23 根据需要填写用户注释

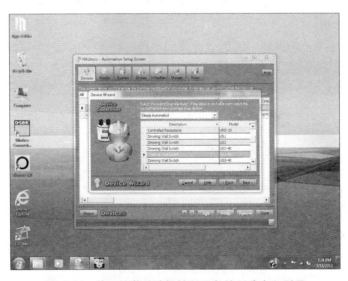

图 6.24 从下拉菜单选择控制设备的制造商和型号

错误消息。如果收到错误信息，重复这一过程，确保在一段时间内只有一个设备处于安装模式。

找到设备单元并识别出单元数字后，可以接受默认的单元 ID 或在单元 ID 区域中进行更改。这就是前面论述的开关和接线位置表。有一个控制 ID 的空白栏，可以在这里输入单元 ID 的编号。输入单元 ID 之后，配置设备模块的下一步是单击"编码"。该设备现在能感知网络数据，即"卧室灯"和它自己唯一的单元 ID 编号。在这个功能强大的软件包中查找和编程功能就可以实现了。如此复杂的设置可由 HALbasic 程序来实现。单击 Next

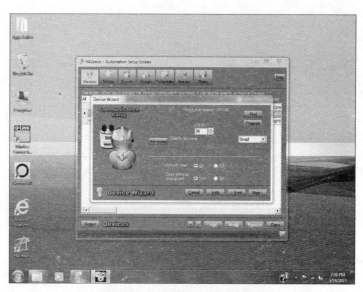

图 6.25　返回单位 ID 显示查找功能成功

按钮，进入下一个窗口。

图 6.26 显示了下一个窗口。回想一下我们早期安装 X-10 设备所做的工作。如图中所示，可以在这里添加调光值，并且该设备可以在实现开关操作和调光比率的设置时进行测试。如果你正在处理一个简单的开关控制对象，不要选择可调光选项框。单击 Next 按钮，进入到下一个窗口并保存设置的数据。

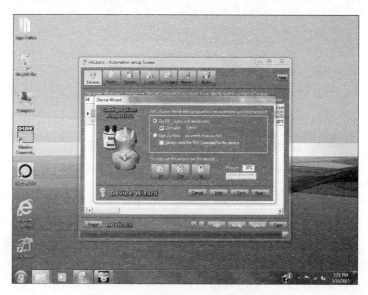

图 6.26　设置调光的百分比及测试设备

就像 X-10 设备一样，下一个窗口允许配置语音控件。选择适当的选项完成后，将返回到自动安装程序。至此，你就完成了该设备的设置，当然也可以添加更多的设备。因为标准配置使用 UPB 插件模块，所以接下来讨论插件模块的安装。

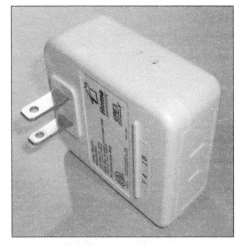

UPB 与 X-10 相比较有许多明显的优势，其中一项就是设备的数量，UBP 可以让你在家中处理和使用更多的设备。UPB 插件控制模块如图 6.27 所示。请注意设备侧面的两个孔。底部的小孔是显示内部状态的 LED；顶部的孔内是复位开关，用来将设备重置于广播设置模式，以便可以在电力线网络上找到它。插件控制模块的底部是与 X-10 插件模块一样的灯线插座。设备只支持功率为 300W 的照明设备。如果想要使用可调光模式，那么它必须是支持调光的照明灯具，如普通白炽灯。

图 6.27　HAL RLM01 UPB 300W 灯控制模块

在 HAL 自动安装窗口中设置和配置本模块，单击 Add 按钮，弹出相同的一系列设置屏幕，用于最后的 UPB 灯开关。唯一标识该设备的字段填写完后，单击 Next 按钮。

就像 UPB 墙壁开关一样，UPB 设备需要插入有源插座。将此设备设置为安装模式，它将"广播"它在电力线网络的存在。用牙签或塑料工具压入设备侧面顶部的孔中，每次按下你都会感觉到按钮的轻微点击。当成功放置到安装模式时，底部孔内的 LED 将开始闪烁，如图 6.28 所示。

状态指示灯仍然闪烁时，转到 HALbasic 设备向导的通信反馈窗口，如图 6.29 所示。在此图中，查找功能用于返回单元 ID 号 201。与墙壁开关一样，你可以使用默认值，也可以更改它。确认配置后，编程信息才能被接受。

此设备目前已成为电力线网络的成员之一。如果该设备编程成功，将显示完成信息，如图 6.30 所示。单击 Next 按钮，开始调光设置。调光设置完成后，再设置语音控制选项，此设备的配置就完成了。

当 UPB 设备的安装和配置完成后，将返回到自动设置屏幕，如图 6.31 所示。在单击 Finish 按钮前，你可以花一

图 6.28　注意设备左侧的状态灯和安装开关孔

点时间确认一下你的配置是否正确，并要确保配置成功。现在，可以使用 HALbasic 其他控件功能对新的 UPB 设备进行编程，并在独特的家居模式下操作它们。可以按时间表的方式或像第 5 章中 X-10 一样的声音控制来操作。

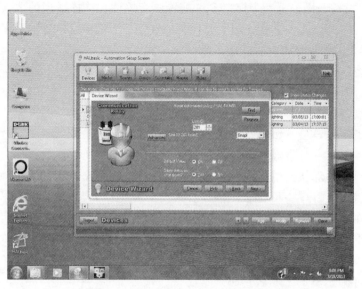

图 6. 29　发现 ID 号为 201 的单元

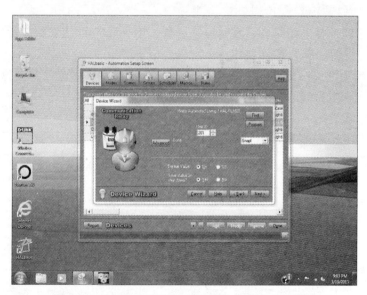

图 6. 30　完成信息表明 ID 号为 201 的模块正确编程

3. 远程墙上开关

远程墙壁开关控制 UPB 主控开关不需要编程或以任何方式进行设置，但是要保证在电源切断的情况下，布线连接必须正确。远程开关的作用就是将主控墙壁开关摇臂的功能延长到第二个位置，它们识别的只是与它们实际连接的 UPB 模块。

4. UPB 信号限制警告

在一些家庭中，如果给家中供电的电力变压器距离家里很远（超过 100ft），或者你家和其他家庭共用一个配电变压器，那么就有必要安装一个相位耦合器。回顾第 1 章有关楼上和地下室的房屋服务入口的附加信息。对于使用单相电的家庭，如果你正在考虑将单相电变为两相电，可以使用以下任意一种简单自动相位耦合模型，即 ZPCI W 线模型，断路器箱模型 ZPCI B、NEMA10-30 插件设置为 30A 模型、NEMA10-50 插件模式设置为 50A 模型。

对于大一些的房子使用 208/120V（星形联结）或在家里使用 240/120V 三相（三角形联结）供电，必须要用相耦合器。因为三相应用要使用简单自动化模型：三相中继器和计算机接口（CIM）模型 UTR。

此外，在办公室、工厂、公寓或其他商业的建筑物里，三相电气服务很常见，所以对于使用 UPB 控制，中继器就很有必要。中继器还会转发 X-10 信号，这些产品被标记为通过 UPB 的通用逆变相位耦合器、X-10 和其他许多高频信号。如果在一个复杂的控制环境中，使用这些产品是非常重要的。

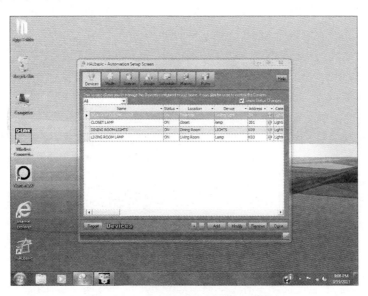

图 6.31　显示可查询的所有的控制设备

第7章

项目4，视频监控在智能家居中的应用

当人们提起智能家居时，首先想到的话题就是家居的安全。也就是说，智能家居中的家居安全服务早已经成为家居安全公司的一项热门产品。

一套基于计算机控制的智能家居系统，对于紧急事件的响应远远不止于鸣响警铃或者是拨打警报监控的电话，可能的警报响应将远远超出你的想象。

将 HALultra 集成到你的家居安全策略中，可以让你更全面地控制家居安全，系统能提供紧急情况的响应措施，而不需要考虑是什么安全系统或者安全产品触发了初始警报。这种用户自主化的设定是 HALultra 系统的主要优点，可以单独使用，也可以作为响应控制枢纽集成在你的安全系统中。任何的监控服务都会根据合同中所规定的响应协议工作，HA-Lultra 会根据用户自主化的设定来处理本地触发响应的事件作为协同响应。采集监控视频、鸣响警铃或者呼叫邻居等，任何你认为必要的措施都可以成为紧急情况的响应。

HALultra 可以很容易地与其他兼容的安全控制面板集成在一起，比如说，可以让用户通过电话中的语音来开启或者关闭安全系统。一些由 DSC、Elk、GE、HAI（www. homeauto. com）、Honeywell、Napco（www. napcosecurity. com），及 ON-Q（www. legrand. us）生产的安全产品可以与 HAL 系统更好地兼容。请登录 HALultra 的网站来获取最新的兼容安全接口列表，它提供了最新的兼容制造商以及产品。

如果你已经拥有了一个安全系统，那么请参阅产品说明书来获取如何将其与 HALultra 系统进行兼容。即使用户说明书中没有提到或者是你的系统并不在兼容产品列表上，并不代表其与 HALultra 系统完全不兼容。也许你只需要简单地将系统升级到有自动化接口的新版本，还有一个办法是将不兼容自动化接口的安全面板换成可以兼容的。

一般的安全监控系统的核心是由一系列常开和常闭开关组成的，任何断开、闭合的状态改变，都可能触发警报并采取必要的响应措施。如果将感应器装在一个大多数时间关闭的门上，那么就设定该感应器在门被打开后触发特殊状态。简单来说，只需要将一些可以从常关闭状态触发开启，或者从常开启状态触发关闭的一系列开关，感应器或者继电器集成到安全警报系统中。兼容的感应器必须连接到用户智能家居系统的接口模块上。比如说，如果使用装有双通 X-10 的 Omni 安全警报系统，那么用户的计算机也必须装有双通的 X-10 接口来获取感应器触发的警报事件。然后 HALultra 会被设定用来监控这些感应器状态的改变。当感应器的状态发生变化时，HAL 会自动执行之前编写好的程序作为事件的响应。

当警报或者任何感应器被触发之后，用户可以设定 HAL 系统进行任何必要的响应，包括拨打你的手机，给邻居拨打电话，开启房子内的所有照明灯或者在房子内外播放一段事先录好的语音。理论上来说，用户可以为任何警报设备设定类似的响应措施，包括火警、一氧化碳警报、光电烟雾警报器、离子烟雾警报器、热度警报器以及水灾警报器。用户需要尽力地找出所有没有成本的或者低成本的安全系统选项，来改善居住安全性以及在突发事件中的生存概率。用户可以使用家中所有的已有警报来对现有智能家居系统进行改善以提高其安全性。当现有的安全措施不足之后，用户只需要计划实施一个新的改进项目，这样能在危险时可以拯救你以及你所爱的人的生命。

当你将自主化的事件相应措施用相应规则写入 HALultra 后，相连接的系统则可以对任意数量的警报事件进行响应。最近 NBC 的一则新闻报道说烟雾警报器并不能百分之百的叫醒身体存在缺陷的儿童。所以用语音警报器大声播放父母或者监护人的录音可以提高有些缺陷儿童被唤醒的概率。将烟雾警报器接入 HALultra 系统，从而可以在播放录音的同时闪烁警报灯也是一种很好的解决办法。使用基于计算机的智能家居系统具有无限的潜力，只要敢于想象、敢于设计，并且有足够的时间和预算。本章的剩余部分将介绍视频在智能家居以及家居安全系统中的应用，并介绍了多种常见摄像头的安装。

7.1 HAL 视频采集功能的实现

接下来主要介绍如何在家中有紧急情况发生后通过摄像头对视频进行采集。谁在你的房子中？什么车停在了家居门前的路上？在前门口发生了什么？如果用户将一个或多个摄像头与 HALultra 系统相连，那么一切都有了很明确的答案。用户需要一个 HALDVC 数字视频影像中心软件来支持 HALultra 的视频相关功能，这个软件需要单独购买而且价格并不高。现在，用户需要 49 美元来购买它，但是它非常物超所值，可以使用户以多种格式从不同种类的视频源采集、观看或者保存视频流。除了 HALDVC 软件之外，你还需要一个或多个视频摄像头以及与 HALultra 相同版本的 HAL 软件来最大化系统的响应。

7.2 监控摄像头的选择

首先用户需要决定使用哪种视频摄像头。现在市面上有许多种摄像头可供用户进行选择，但是对于一个对摄像监控系统并没有深入了解的新手来说，本节所介绍的两种摄像头无论从安装和使用来说都相对容易上手。

7.2.1 USB 摄像头

Webcam 是一种可以很容易与 HAL 共同安装使用的安全摄像头，它通常通过标准的 USB 接口与计算机相连。如果用户只需要少量的摄像头并且与计算机的距离很近的话，Webcam 是一种非常合适的选择。在技术参数上，USB 所支持的使用距离为 5m（16.4ft）。一些专用的 USB 核心和延长电缆可以将使用距离延长到 30m。如果对距离有需求的话，那么最好选择使用基于有线或者无线的 IP 摄像头，图 7.1 价值 30 美元的 USB 网络摄像头。

图 7.1 一个普通的 USB 摄像头

7.2.2 基于 Internet 协议的安全摄像头

作为示范安装，本书选用基于 IP 的网络摄像头，如图 7.2 所示。这主要考虑到两个原因：第一个原因是它可以使用简单方便的 CAT6 型或者有保护外壳的 CAT6 型以太网线；第二个原因是 IP 摄像头对于数量没有过多的要求，用户可以根据需要安装任意多个。图中的摄像头包括固定支架总共花费 90 美元。使用 IP 摄像头的另一个好处是，你可以在计算机、手机或者平板电脑上通过任意的浏览器来访问观看这些摄像头采集的内容。最简单的办法是通过摄像头的 IP 地址访问，这将在本章后面进行讨论。用户可以修改路由器或者防火墙的设定，以便从任何地点在网络上观看选中的一个或一组摄像头采集的内容。更多的相关内容会在第 13 章中进行讨论。

图 7.2 硬壳防水的 IP 有线/无线摄像头

还有一些其他的原因，包括安装 IP 摄像头所需要的工具都可以在附近的家居用品商店中买到。CAT6 网线、Leviton CAT6 墙上插座、塑料管、冲断工具、剪线钳以及压接工具等都可以很轻松地找到。除一些基础的手动工具以及安装以太网线的电钻外，用户还需要一些比较特殊的工具包括冲断工具和压接工具，如图 7.3 所示。

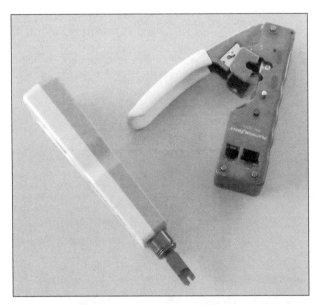

图 7.3 用于处理以太网线接口的冲压工具和压接工具

如果在你的工具箱中没有这些工具，那么请预算 50~60 美元来购买。

IP 摄像头可以像家中的其他 Internet 设备（比如计算机、网络硬盘、打印机）一样根据 IP 进行寻址。如果计划使用大量的摄像头，也可以安装一个独立的网卡以供摄像头和中央控制计算机进行使用。除此之外，经过一些基础的设定，IP 摄像头可以被加入到无线网络中，用户可以选择性地通过手机 WIFI 进行观看。Wi-Fi 无线网可以很好地支持少量的 IP 摄像头共同工作，但是从大量的摄像头采集持续的视频流会导致 Wi-Fi 网络带宽不足。基于 Wi-Fi 的 IP 摄像头另一个优点就是在安装完成之后，只需要电源和在 Wi-Fi 覆盖范围内就可以工作，使其可以成为隐藏摄像头。使用有线连接的优点是比无线网络提供更大的带宽，从而实现更流畅的视频，使用有线连接的另一个优点是更加可靠。如果决定使用有线连接的摄像头，那么我建议使用 CAT6 网线，并且使用支持 GB 带宽的设备（如中转、路由器、计算机以及打印机），而且 GB 带宽的网络可以支持更多数量的 IP 摄像头。

7.3 摄像头数目决策

对于不同的房子以及不同的安全需要，很难给出一个确定的摄像头数目。首先，根据用户的预算应该在每个房子的出入口处、房子的每个方向上（东南西北）、车库门上、门口的人行道和车道上以及室内的走廊上各安装一个摄像头。对于一个一般的房屋来说，大概需要 10 个 100 美元的摄像头，这样总共需要在摄像头上花费 1000 美元来对一个传统房子进行 360°的全方位保护。考虑到每种摄像头的不同，一般的预算会将每种摄像头数目限制在 1~3 个。HALDVC 可以支持最多在显示屏上同时控制 8 个摄像头。

如果想要安装超过 8 个摄像头并且由它们记录监控视频，你需要安装第三方软件来支持更多的摄像头，比如说 NetCamCenter Basic 3.0，它可以支持最多 36 个摄像头，但是需要额外的 225 美元来购买。如果你想要安装大量的摄像头，那么首先要考虑一个拥有大硬盘的专用计算机来存储采集的视频流。如果你想要这么做的话，这台专用的控制计算机可以很简单地在你独立的 IP 网络上与其他设备共存。

7.4 摄像头的安装与位置的选择

对于所有独立门都在一个方向上的小型公寓或房屋来说，一个摄像头也许就足够了。在你决定了使用什么种类摄像头以及安装摄像头的数量之后，下一步就需要对摄像头进行安装。有一些显而易见的规则需要注意：第一点是要远离人们可以接触到的位置；第二点要注意将摄像头安装在访客看不到的地方；第三点要将摄像头的连接线保护在胶皮导管中，要确保摄像头指向你想要观察的方向上；最后用户也可以在明显的位置安装一个假的摄像头来吸引人的注意。

7.4.1 单独网络摄像头方案

单独 USB 网络摄像头的方案非常简单易行。首先找到安装摄像头的位置，然后在允许的范围内找到足够长的 USB 线以连接计算机和摄像头。大多的网络摄像头材料并不是很结实，所以并不适合在户外进行使用，室内的门廊或走廊更适合一个网络摄像头。不推荐用户将网络摄像头暴露在可能的恶劣天气中。这些便宜简单的摄像头可以成为用户的参考之一，但是只有用户自己可以判断它是否满足了要求。

7.4.2 USB 摄像头的安装

也许你已经在你的个人计算机上安装过 USB 网络摄像头了，而现在所需要做的只是找到一根更长的 USB 连接线。现在一般的网络摄像头插入即可使用，Windows 系统会自动安装相关的驱动程序，或者用户也可以自己安装由厂家提供或者在网上下载的驱动程序。

如果一个网络摄像头想要与 HALDVC 软件一起使用，那么必须安装该摄像头的 Windows 驱动程序，并将其注册为影音图像硬件。

当第一次将 USB 摄像头插入计算机后，用户将会在屏幕右下角看到出现的代表操作系统正在对摄像头进行响应处理信息提示。在 Windows 加载安装完相关驱动后，单击该标识则可出现如图 7.4 所示的窗口，代表该摄像头驱动已经成功安装并且可以使用了。

另一个检查摄像头驱动是否成功安装注册的方法是进入到 Windows 的控制面板中，在

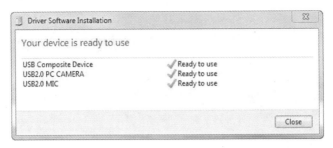

图 7.4　USB 摄像头驱动的安装以及安装成功界面

设备管理器中打开图像设备列表。在这里可以看到该摄像头的驱动是否可以被其他应用程序所使用，比如说 Skype 或者 HALDVC。

> 本书原型计算机 USB 网络摄像头的花费为：30 美元。
>
> 总计为：1370 美元。

7.4.3　多个摄像头方案

图 7.2 中展示的 IP 摄像头一般都用于比较大型的工厂、政府机关以及商贸中心。因此，它们一般由坚固耐用的材料制成，具有夜视功能，甚至可以受控制进行转动改变视角，以及在采集视频的同时采集音频。安装此类摄像头要比安装普通的 USB 网络摄像头复杂得多，但是其强大的功能和可扩展性都会使之前的工作和花费的成本物超所值。

如果使用 640/480p 的 IP 摄像头的话，用户需要考虑这些摄像头在工作时候会占据多大的带宽。假设使用 8 个这样的 IP 摄像头的话，那他们将用掉 6Mbit/s 的带宽，这对于 10Mbit/s 带宽的网络来说捉襟见肘，但是对于 100Mbit/s 的带宽网络来说只用掉了其 16%。如果你要在现有的 10m 或者 100m 的家居或办公网络上加装摄像头的话，那么这些关于带宽的考虑非常重要。如果这是一个全新的工程的话，那么尽量寻找安装支持较大带宽的路由和相关设备，比如说 1000GB。

> 本书原型计算机 IP 摄像头的花费为：90 美元。
>
> 总计为：1417 美元。

7.4.4　IP 以太网摄像头的安装

如果用户家中固有的网速比较慢的话，那么在计算机中安装一块新的独立网卡并将其接入到一个完全独立网络的转换机上，就可以解决本地带宽不足的问题。一个 Leviton 47611-5GB 10/100/1000（见图 7.5）5 接口转换机只需要 100 美元就可以支持 GB 速度的以太网。它提供一个接口与计算机相连接，其他 4 个接口则可以和 4 个安全摄像头或者其他设备相连。用户可以购买到配备有任意接口数量的转换机，使用一个小型的转换机来搭建你的监控网络是个很好的开始。

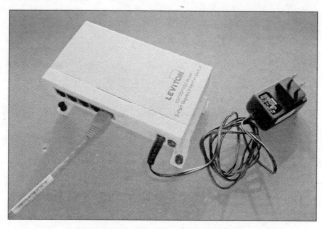

图 7.5 Leviton 小型以太网交换器

对于那些房屋较大，需要更多更广视角的读者来说，每条以太网线的距离限制是 100m。如果我们把摄像头安装在距离中控计算机 80m 的位置的话，那么它可以覆盖周围 640ft 的范围。对于大多数住房或者小型办公室来说，这种布局已经足够了。

> 本书原型计算机以太网交换器的花费为：100 美元。
> 总计为：1517 美元。

除了摄像头和至少一个转换器之外，用户还需要 CAT6 以太网线和一些其他的零件来使其将转换器和摄像头连接在一起。图 7.6 展示了一些需要的零件，从下到上包括，预制的 CAT6 跳线、Leviton 的墙上插座、APC 以太网浪涌保护器（左侧）、一个冲断插口（右侧）被一圈 CAT6 网线包围。

用户可以在 CAT6 网线两端使用终止插头来连接转换器和摄像头。但在两端都终止并不是一个很好的选择，只是一种不太专业的做法。如果是在室外进行安装，建议使用有屏蔽保护的网线而不是一般的室内网线，并且要将网线的保护罩和室内或者室外的摄像头接地。在室内将 Leviton 冲断单元用跳线接到 APC 电涌保护器上，再用跳线接到以太网转换器上。从摄像头出的插槽引出跳线是一种很合理的设计，因为跳线相比于 CAT6 网线更加灵活。在室外的工程中，一定要记住使用电涌保护器，即使你没有使用有保护屏蔽外壳的 CAT6 网线。

当安装摄像头时，应使用与该摄像头相配套的硬件。

提供的硬件支架可以让摄像头精确地对准想要的角度，当你觉得摄像头视角满意之后，就可以按照标准拧紧所有的螺钉来固定该摄像头的视角。本书所介绍的示范摄像头既可以通过有线来连接，也可以通过 WIFI 无线网络进行连接。图 7.7 展示了摄像头的背面以及 Wi-Fi 天线或者网线的插口处，用户可以通过该接口将其连接到远处更高功率的天线上以获得更好的网络质量以及接收范围。尽量使用段的跳线，把摄像头安装在不容易被人们触碰到的地方。

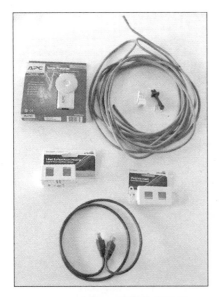

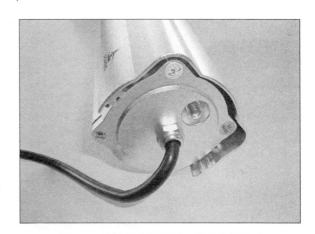

图 7.6 安装 IP 摄像头所需要
的必要工具和零件

图 7.7 螺纹连接的接受天线或电缆接头

在大多数情况下，在房子周围使用 Wi-Fi 模式的摄像头只需要一个直接相连的天线就足够了。它可以用螺钉固定在摄像头的背面，并且可以在任何方向上固定拧紧。

如图 7.8 所示，本书的示范摄像头还有 3 个接口。图中最左侧的为以太网接口，之后是电源接口与电源相连，最右侧的是一个用于恢复出厂设置的凹口。请阅读摄像头的用户手册来找出你的摄像头是否通过以太网接口来对摄像头进行供能。这要比在摄像头周围找到一个电源接口要容易得多。在将摄像头成功安装并使用后，如果你的摄像头有重置功能，要用胶带贴住重置开关凹槽处来防止意外的重置。

图 7.9 展示了摄像头的工作端。当摄像头通电并开启红外夜视模式后，你可以观察到摄像头镜头周围的一圈 LED 灯发出的光。

GB 以太网的传统连接模式是 TIA T568A。如果你使用的是 Leviton 插座来连接 CAT6 网线的话，那么 T568A 以及 T568B 的颜色码可以在插口周围看到。本书推荐使用冲断插口和预制的 CAT6 跳线进行连接，因为有屏蔽保护外壳的 CAT6 网线会更细一些，很难与标准的 RJ45 插口共同使用。具有屏蔽保护的双绞线 CAT6 电缆需要与特殊的有屏蔽保护的插头和插座连接。如果用户准备按照自己的方案进行跳线的连接或者想要将其与 RJ45 型插座相连接的话，那么现在有一种新型的 RJ45 插座可以将电缆一直插入穿过相应部件，这样可以使用户在将其固定前将颜色码正确的对齐，最后剪掉多余的部分。

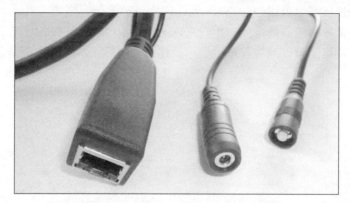

图 7.8　一个常见的 IP 摄像头连接线以及其接口

图 7.9　摄像头镜头以及镜头下方的 LED 灯

图 7.10 展示了以太网摄像头网络布线的俯视图，和实际唯一的区别就是电缆的长度有差别，但要注意它们每根不能超过 100m。它包括了一根从计算机网卡或者一个与计算机网卡相连接的交换器到 Leviton 交换器第一接口的一根电缆。然后有一根电缆从交换器的第四接口连接到了摄像头的插口（在图的最左边）。用户可以重复之前的过程连接更多的摄像头直到用掉交换器所有的接口。安装的示意图看起来很简单，但是实际的布线、钻孔以及插线也许并不如看起来那么容易。

如果用户从来没有往插槽里插入电缆的话，那么也许需要练习几次来熟悉这个过程。首先要去除导线头部 1~1.5in 的外皮，将线对准插槽口处，将线深一些插入插槽中以减少裸露在外面的部分，直到只露出 0.5in 左右的长度。图 7.11 展示了已经准备插入插槽的白/绿导线。重复之前的过程插入剩下的 7 根连接线，要注意 T568A 上的颜色码顺序。

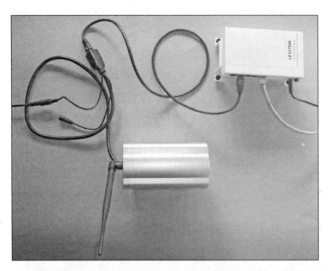

图 7.10 简化的摄像头以太网的连接图，与实际的唯一区别在于连线的长度

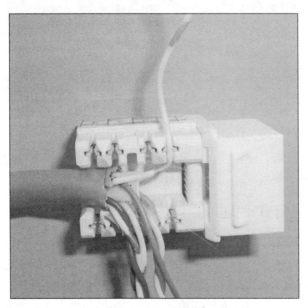

图 7.11 第一根插入插槽的白绿线

用工具将线插入到插槽中，这样其尖锐的刀锋可以将多余的线剪去。建议在硬的台面上来做这个工作，并且注意将手指远离刀锋。重复之前的过程装入剩余的 7 根线。一些用户习惯于将所有的线摆好位置再进行插入，其他的则一条一条的进行。你必须放好每一根导线的位置，在你插入一根线时要非常注意不要损伤了周围的线。当在墙上安装低电压的设备时，比如说电话线插槽，以太网插槽或者有线电视插槽时，为方便起见可以使用一个露背的盒子。

当用户自己进行连线时，在安装之后要进行相应的测试以确保正确的连接以及良好的接触。比较好的办法是购买或者借一套如图 7.12 所示以太网电缆检测工具来进行检验。当测试室内导线时，在你要检测电缆两端的插口处插入一根完好的 CAT6 跳线。接着将测试工具的终止端插入跳线的远端，另一半端插入跳线的近端。如果测试仪上亮起所有灯依次亮起为绿色，那么说明电缆连接良好。如果有问题的话，那么必须找出问题并重新进行连线，用户可以通过测试端来检验跳接电缆是否正确连接。

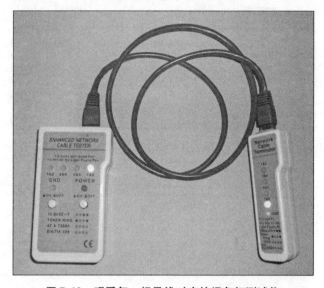

图 7.12 观看每一根导线对应的绿色灯测试仪

在连线并检测完成后，下一步的工作是设定每个摄像头的识别码或者说 IP 地址，并记录到智能家居软件的数据库中以供 HALDVC 使用。

7.4.5 为摄像头分配 IP 地址

设置 IP 摄像头 IP 地址的方法可能因为不同的厂家、型号以及管理控制该摄像头的软件而不同。首先要在你的计算机上安装软件管理工具。

在安装完 IP 摄像头控制管理软件之后，下一步要对摄像头进行相关设定以使它可以在网络上被访问使用。一般情况下，摄像头生产商提供的摄像头管理软件可以自动地找到连入 Leviton 转换器的摄像头。图 7.13 展示了一个提示 IP 地址与掩码不符的消息。在这种情况下，用户需要用 IP 摄像头查找设置工具来设定符合网络要求的 IP 地址。

图 7.14 展示了单击摄像头查找工具后的窗口。通过该窗口用户可以手动设置摄像头的 IP 地址以满足私有网络的相关设置。如果网络中还有其他的同厂家生产的摄像头，它们也会像图 7.14 中一样显示出来。用户只需要单击它们并设置 IP 地址。对于一个 C 类别的网络来说，子网掩码总是 255.255.255.0，这种设置可以保证所有地址都是可用的。

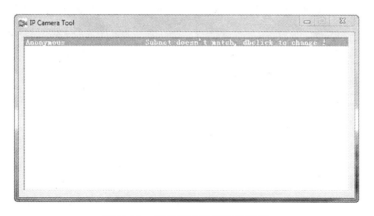

图 7.13　需要修改的摄像头设定

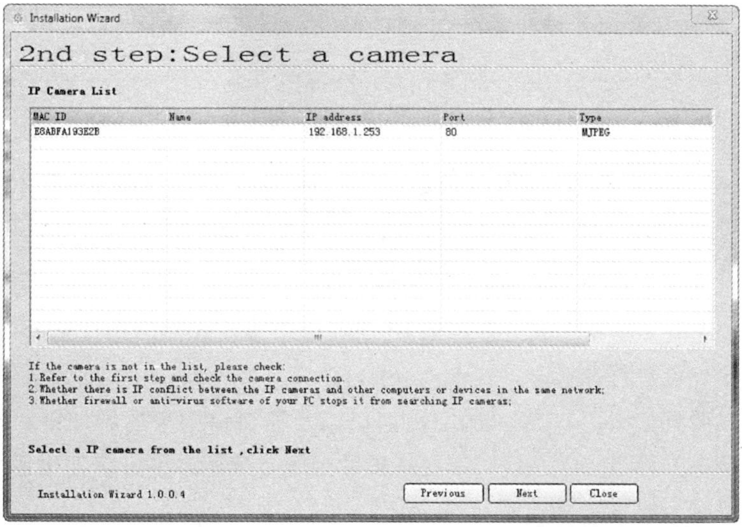

图 7.14　摄像头查找工具列出网络上所有可识别的摄像头

对于私有的网络来说，总共有 3 个 IP 地址范围。其中一个范围值为 172.16.0.0 ~ 172.31.255.255. 我会选择使用 172.16.1.x 一族的地址，其中 x 可以取任意 0 ~ 255 之间的值分给网络上的所有设备。

如果安装了一些特有的软件的话，单击 IP 地址便会弹出一个设定窗口，通过它可以输入网络的相关信息以及有线或者无线网络的 IP 地址。你的摄像头在其设定软件中也会有同样的选项。

用户还需要同时通过 Windows 网络设定和共享中心给其他的计算机分配一个在这个新网络中的 IP 地址，你需要单击改变适配器设定并且单击 TCP/IP V4 的属性完成，如图 7.15 所示。本书为计算机网卡分配的 IP 地址是 172.16.1.10，172.16.1.1 为将通过

Internet 观看摄像头内容而安装的路由准备。IP 摄像头可以被分配范围内的任何 IP 地址除了 .1 和 .10 结尾的地址。每个摄像头在 C 类网络允许的范围内必须有独特的地址。

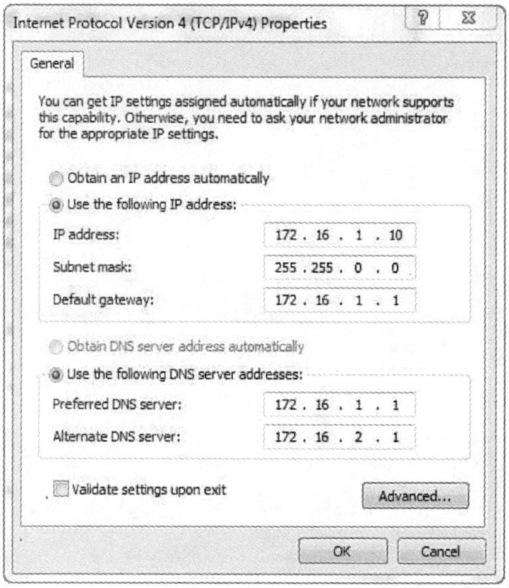

图 7.15 通过 Windows 以太网 IPv4 设定窗口为计算机网卡分配一个摄像头网络的 IP 地址

7.4.6 在 HALDVC 软件设定中注册摄像头

安装好摄像头之后就可以将其在 HALDVC 软件中进行注册。用鼠标右键单击 HAL 界面上耳朵的标识并选择打开数字视频中心（DVC）。

你应该可以看到如图 7.16 所示的空白窗口以及在窗口中央的添加键。如果添加键没有显示的话，那么可单击位于窗口底部显示摄像头序号按钮。单击添加摄像头按钮后会按顺序弹出 5 个摄像头设定窗口。

如图 7.17 所示，HALDVC 软件窗口的顶部显示了所有连接摄像头的序号。通过窗口中央的下拉菜单可以输入一个新的摄像头地址，或者从 HALDVC 已经存在的数据中选择一个地点。在窗口底部，用户可以为每一个连接摄像头取一个名字。当该窗口所有的选项都填写完以后，单击 Next 按钮。

图 7.18 展示了接下来的设定窗口，第一个下拉列表列出了可用的摄像头类型。因为选择了 IP 摄像头作为摄像头类型，与 IP 摄像头相关的设定选项都可以填写。用户还可以看到储存该摄像头采集内容的 IP 地址和 URL 地址。如果你的摄像头需要一个用户名和密码才能进行访问，那么在用户身份验证选项中输入相关信息。接下来两个下拉列表用于设定视频分辨率和码率，你需要根据摄像头支持的参数进行设置或者直接使用默认的设置。HALDVC 需要有效的 URL 地址来放置摄像头采集的内容。用户需要将其摄像头正确的 URL 地址填入相应设置中。

图 7.16　通过摄像头序号选择已经
安装摄像头中的任何一个

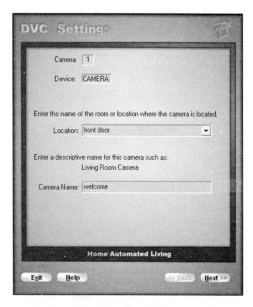

图 7.17　在 HALDVC 中所有摄像头被
初始为一个 1~8 的序号

　　如果选用的是 USB 摄像头，如图 7.19 所示窗口便会弹出。因为 USB 摄像头已经被载入注册到 Windows 系统中，用户可以在摄像头设备列表中找到它。在下拉列表中选好摄像头之后，单击 Next 按钮。如果该摄像头之前没有成功地注册载入到系统中的话，那么用户并不能选中它。

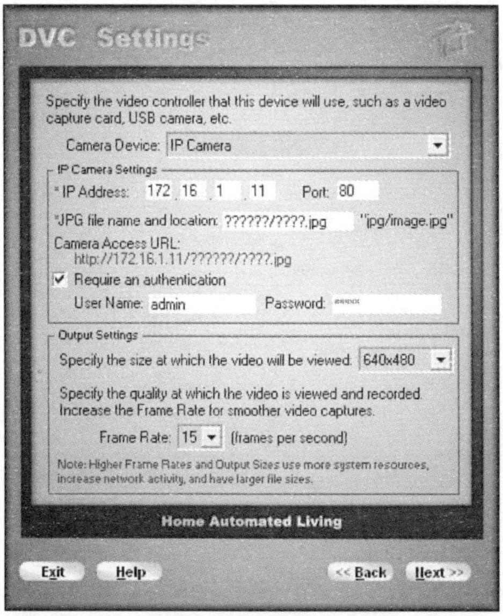

图 7.18　输入网络和摄像头的相关信息

图 7.19　USB 摄像头设置

图 7.20 所示的窗口可以用来设定每个摄像头的工作时间。每个摄像头的记录时间可以不同，用户可以根据它们不同的需求对该参数进行设定。比如说，你只想在门铃按响之后开始摄像记录，那么将摄像时间设定为几分钟比较合理。如果你是想在防盗警铃触发后开始摄像记录，那么将录像时间设置为几个小时比较合理。在选择了想要的时间后则单击 Next 按钮。如果你的摄像头有麦克风支持在摄像的同时采集音频的话，那么你可以选择窗口最下端的语音使能选项。

在单击 Next 按钮之后，你可以选择改变视频压缩格式。用户可以根据摄像头的具体参数选择合适的压缩格式，但是在没有更好理由的情况下，请保持默认设置或者使用 MPEG-4。当你单击视频转码库高级设置时，你可以看到 10 个其他的视频压缩格式，单击 Next 进入最后一项设置。如果你的摄像头有移动识别功能的话，单击使能该功能。

在将摄像头设定完毕之后，用户可以通过单击标有相应摄像头标号的按钮和连接按钮来选择观看摄像头采集的内容。在所有的选项设定完毕后，用户可以通过选择相应标号摄像头按钮来预览采集的视频。

不同品牌型号的摄像头的操作以及如何与 HALultra 或者 HALDVC 集成在一起可能也不完全相同，具体需要参照摄像头的功能和特点。在本书中所选用的摄像头需要一个指令行来获取视频而不是一个 URL 资源地址，如图 7.18 所示。在 HAL 中用户可以通过一个特殊的指令行来打开特定的 IP 摄像头而不需要为其设定上传视频的 URL 地址。图 7.21 展示了开启摄像头的指令。当你需要这些指令时，你可以在摄像头说明书上、制造商的网页上或通过其他途径找到相应的说明。

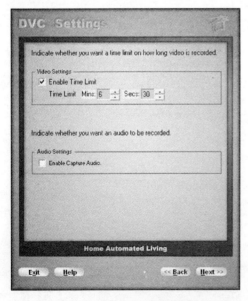

图 7.20　设置摄像头录制时间限制

图 7.21　在 HALDVC 中通过特殊指令行使能 IP 摄像头

对于本书所选用的摄像头来说，它们的指令行有如下规则：

http：//IPaddress：port/Snapshot. cgi？ user ＝ Username &pwd ＝ Password &resolution ＝32

当用户通过 HAL 来操作访问摄像头时，HAL 根据用户在窗口中输入的信息自动生成相应的指令行，IP 地址以及接口会自动填入上述的模板中生成指令行，并填写到 URL 地址一栏中发送给摄像头。用户可以将上述的 URL 地址输入到浏览器中来测试摄像头对该指令的响应。

尽管使用 IP 摄像头要复杂一些，但是它可以提供非常灵活的功能。用户可以自由地搭配有线摄像头或者无线摄像头以实现一个非常可靠的家居安全监控系统。另一个优点是用户可以通过手机、计算机或者平板电脑随时通过无线网络对摄像头进行访问，这使它更适合于拥有大量摄像头的家居安全系统。

7.5　通过 HALultra 设定摄像头的监控响应

在你安装完摄像头并连接到 HALDVC 之后就，就可以利用 HALultra 智能家居系统的功能开始设置安全策略以加强房屋的安全属性。使用 HALultra 的内置指令和模式并将它们与你的安全设备相关联，这样在特定的紧急事件发生后会触发相应的响应措施。浏览 HAL 的相关说明以及网站论坛来帮助设定你的系统。

要开始与自定义安全相关的编程，应打开自动化安装屏幕，如图 7.22 所示。

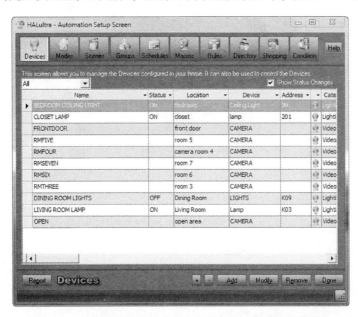

图 7.22　宏和规则的标签是自定义的起点及报警条件的响应

单击图 7.22 中的 Macro 键并创建一个新的叫安全的宏指令。然后为它添加你想要的响应措施，当这个宏被某一事件触发执行，如图 7.23 所示。通过选中想要设置的宏然后单击添加键为一个宏添加不止一个响应措施，如图 7.24 所示，在图中打开客厅的灯一项被选中。

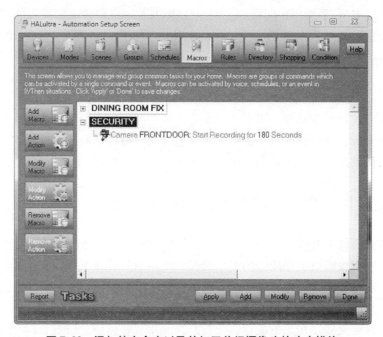

图 7.23　添加的安全宏以及其打开前门摄像头的响应措施

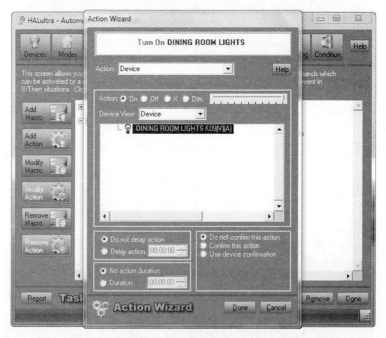

图 7.24　任何可以做出反应的设备都可以加入到宏指令中

使用 HALultra 的编程功能中的 IF- THEN 语句可以让你更全面地定义事件的响应措施。

在自动设置窗口顶部的规则一栏也可以进行自主设置，用户可以定义一些在相应时间触发后进行实施的规则。如图 7.25 所示情况，当前门廊的运动传感器被触发之后，规定其摄像头记录 180s 的视频。所有的响应措施都可以被自主化设定，用户可以根据需要对预先装好的任何设备进行使用。只要你的设备通过兼容的接口连接到智能家居系统中，用户就可以把它加入一些列的宏或规则中。

图 7.25　根据需要创建自主的规则

用户要注意不要让嵌套的宏或者规则陷入死循环，但是可以把宏作为动作添加到规则中。

图 7.26 展示了一个完整的规则。它的指令为让前门的摄像头记录 180s，并同时执行名为安全的宏来打开客厅的灯。

用户自己所编写的宏或者规则可能比较局限，之前给出简单的宏以及规则的设置只是为了让用户熟悉基本的操作。当你第一次自己操作整个过程时，不要害怕犯错误，任何进行的设置都可以被删除或者修改。参考 HALultra 的网页以及论坛可以找出更多关于宏或者规则编写的灵感，在设定好响应措施之后要对其进行测试以确保达到了想要的效果。请从简单规则或者一两个事件宏开始，一步步地搭建你想要的安全系统。图 7.27 为前门 IP 摄像头所拍摄内容的视频。

图 7. 26 通过规则触发一个响应措施，并通过一个宏触发另外一个响应措施

图 7. 27 前门廊 IP 摄像头在傍晚时候所拍摄的门前车道

第8章

项目5，升级HALultra 智能家居平台

在你体验过 HALbasic 之后，你或许想升级到 HALultra。虽然 HALbasic 能够做一些很好的工作来控制你的智能家居系统，但是因为它本身是一个初级程序，并不能控制家居的所有的任务。相比于 HALbasic，HALultra 有更多的功能，附加的功能有直接支持暖通空调的控制、来电显示、来电提醒、购物清单、家居影院的控制、获取天气接口、数字传感器，以及对安全区的监控等。进一步来说，HALultra 是建立在语音信箱、地址/目录信息、库存查询、设备、宏指令、家居模式、事件，以及 X-10 传感器之上的。

automatedLiving. com 会给注册 HALbasic 的用户授予购买 HALultra 的许可。HALultra 在撰写此书时，标价是 499 美元。从 HALbasic 到 HALultra 是软件的升级，但并不是一个版本的更新。从本书第 6 章开始，我们将增加 450 美元给本书的原型计算机预算，作为软件更新的当前费用。

> **注　意**
>
> 本书的原型计算机软件更新项目的预算为：450 美元。
> 总计预算费用为：1747 美元。

第 4 章中，介绍了安装 HALbasic 软件在的你的智能家居平台。有些读者和终端用户可能想要从 HALultra 的额外功能开始，完全地忽略 HALbasic 的安装。如果你属于以上的情况，并且从一开始就想使用 HALultra，你需要去阅读并且完成第 2 章的内容，它能够展示成功安装在 PC 上的一些必要步骤。因为我们是从 HALultra 版本开始，所以这个安装步骤涉及 X-10 适配器的使用，以及第 4 章中提到的控制器，这些安装会应用到你的 HALultra 软件中。你可以参考第 4 章中的任务，执行一次测试，从设置屏幕开始到建立并且配置你的 X-10 控制模块。

8.1　更新 HALultra

本章假定完整的更新补丁安装在你的 Windows 操作系统上。在第 4 章中我们通过一个

安装盘来进行安装，其实本质就是软件的硬复制。这一章的项目将说明 HAL2000 是如何通过 Internet 软件下载来更新的。作为一个终端用户，你能够为你的安装习惯做出一个选择，通过在线更新或者订购 CD 盘并复制到自己的计算机上的方式来进行更新安装。

8.1.1　管理步骤

可以在 https://www.automatedliving.com/updupg_supgrate.shtml 获得一份 HALultra 软件的复制版，要么通过注册经安全下载获得，要么订购光盘再去安装的方式。

8.1.2　HALultra 备份

在升级程序之前，使用 HALultra 的备份和恢复功能进行存储一份关于你的 HAL 数据，设置文件以及其他配置文件的备份。使 HALbasic 在服务器运行，双击 HAL 图标使得在系统托盘上，从菜单中选择 Open System Settings，进入备份选项。

当你处于系统设置窗口时，双击 Backup/Restore，如图 8.1 所示。

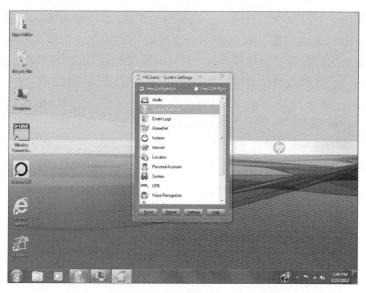

图 8.1　从菜单中选择 Backup/Restore（备份和恢复功能）

单击并进入下一个界面，会提供 5 个复选框来选择备份的 HAL 条目，其中最重要的一个就是配置信息。配置的项目和设备越多，有效的备份就会显得越重要，因为你不必重复的进行设备的安装。你可以选择备份的数据到本地驱动器、网络驱动器或者便携式驱动器。记住你备份到外部驱动器（例如便携式驱动器、网络驱动器）的备份文件，当你的智能家居 PC 发生崩溃的事件时，可确保数据的完整性。在你核对完备份的项目之后，单击 Run Backup。默认的备份路径是 C 盘的 drive 文件，当然你也很容易地选择备份文件到其他路径中去。在你单击 Run Backup 以后，如果在驱动盘上备份的位置不存在，HAL 会提示并确认是否你想创建一个新的目录。单击 Yes，再单击一次 Yes，HAL 就会确认你想备份的数据。

之后，就会显示如图 8.2 所示的窗口，确认备份已经成功，单击 OK 完成备份过程。

在你继续进行软件的下载之前和接收到一封来自 Automatedliving. com 确认升级的邮件之后，需要关闭 HALbasic 服务。

图 8.2 这则消息显示的是备份创建成功

8.1.3 安装

无论你是通过软件下载还是光盘进行软件更新的安装，都是以安装向导开始的，如图 8.3 所示。单击 Next 按钮即可进行 HALultra 的安装。

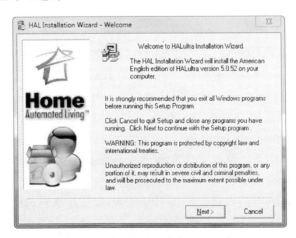

图 8.3 安装向导

接受许可协议，并完成安装向导。如果你安装的是一个更新，在安装过程中你会看到一个窗口提醒你，安装向导检测到有早期的 HAL 版本，单击 Yes 继续进入下一个界面。

通过一步步地安装，直到最后安装完成，如图 8.4 所示。此刻，正是你该运行更新软件的时候，选择复选框中的 Run HAL License Manager Now 选项并且单击 Finish 按钮。

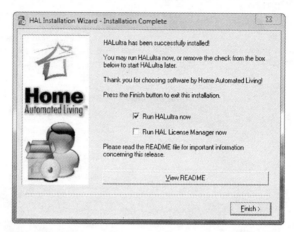

图 8.4　选择 Run HAL License Manager now 继续进行

8.1.4　启动

在你运行完前一步的许可证管理之后，HAL 的活动窗口就会出现。在窗口的右上角有一个问号，单击这个问号就会进入下一个窗口。如果你还没准备好连接网络，在连接完成之后，单击刷新即可。许可证管理会更新你的许可证信息，提示一些新的软件和增加购入。更新完成之后，一条反馈成功的消息会出现。如果许可证更新不成功，联系 HAL 的技术支持去寻求帮助。

8.1.5　测试

祝贺你成功地安装了本软件。下一步的软件测试需要你的设置存在并且从 Windows 开始菜单中启动这项服务。在桌面上会有一个新的 HALultra 图标。

既然更新已经完成，是时候启动和测试软件了，首先要确保你的设置仍然存在。开启 HAL2000 服务，等待在系统的托盘上会有一个"眼睛"的图标出现。右击这个"眼睛"的图标，选择 Open Automation Setup Screen，正如前面章节所讲的那样。这个窗口就会在你的显示屏上出现，如图 8.5 所示。你之前的所有设备都会在此窗口中的列表里显示出来，因为它们在 HALbasic 中。

选择一个可能正在工作的设备，使用 HAL2000 去打开或者关闭，在你测试完成后关闭这个启动界面。你可以随意地去测试别的设备，直到你对设备的运行状况满意为止。在你进行系统的测试完之后，我们需要去进行网络的配置，关闭这个启动界面，通过右键单击系统托盘的 HAL 图标，可进入系统设置窗口，双击 Internet，如图 8.6 所示。

图 8.5 **HALbasic** 提供的设备在 **HALultra Screen** 中显示

在接下来的界面中勾选 Internet Enable 复选框之后，系统会允许你做一些对网络接口的调整，如图 8.7 所示。本书的原型计算机系统使用的是高速 Internet，因此当 Dedicated 选项被选中时，Use a Dial-Up Connection 就不能被选。在修改完这些设置以后，单击 Apply 和 Done 表示完成。

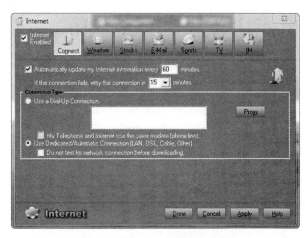

图 8.6 系统设置窗口   图 8.7 此窗口下进行的网络配置

你可以通过设置 HAL2000 来为本地提供气象信息，以及公开交易股票价格的上升或者下降到 40 时，HALultra 会给你发邮件。单击 Weather 标签，可根据你的邮政编码配置气象信息，如图 8.8 所示，之后单击 Apply 和 Done 完成新的设置。

图 8.8 通过邮政编码的设置获得气象信息

8.2 探索新发现

　　本书剩下的部分和项目，是通过 HAL2000 平台来展示原型家居智能化系统。对于执行这次更新保持中立的读者来说，有两种使用情况，不仅能够合理化而且也能收回更新的费用。HALultra 可以管理家居供暖设备、通风设备和空调设备。它允许你控制整个的 HVAC 系统，无论你是否在家或者在任何地方，甚至一年或者两年的节能潜力会远远超过软件升级的产生的花费。对于升级带来的另一种实例，就是能够提高个人效率，如果你每小时估值 20 美元，当你不在家时，HALultra 会根据你的日程安排、语音、电话控制去工作，一年的时间你就可以收回升级产生的费用。想一想，能够用语音来控制你的电视是多么酷的一件事情。最后，HALultra 能提供一份生活的保障和贴心服务，不仅使你在度假时可以看到自己的家，也能天天监视着它，确保你孩子安全到家。

　　你可以自己花些时间去探索 HAL2000 的新特性，通过使用正确的接口去控制你之前不曾想到的家居的各个方面。在接下来的章节中，会帮助你为你的家居智能化平台增建更多的功能和价值。

第9章

项目6，在计算机上安装智能家居语音门户调制解调器

尽管家居电话采用传统的有线座机的方式越来越少，但是，如果在住处使用一个可靠的座机，通过智能家居平台就可以增加扩展控制管理功能。无论你身处何处，只要你能接通电话，就可以完全地掌控家居中的情况。

除了具有远程控制功能，家里如果出现任何问题，都会立即通知你。如果进行合理配置，HAL 软件就会提示你而避免问题发生。显然，每年只需 600 美元的座机费用，比起昂贵的清理或者维修产生问题的费用，还是相当低的。

语音门户硬件提供电话拨入和拨出功能，可访问所有的 HAL 语音控制特性。HAL 语音调制解调器可以通过手机来工作（需要附加装置），但是如果通过有线传统电话服务或者基于网络的 VOIP 服务，效果最好。

当你的计算机装上 HAL 语音门户后，在世界任何有电话或手机服务的地方，都可以在电话上通过语音指令控制智能家居的功能。你也可以利用智能家居平台来设置自定义的语音信箱、来电显示、自定义特定来电的信息、通话记录、自动拨号、免提电话和电话拦截与拉黑。如果你的家居电话安装的分机接线正确，那么就可以在其中任何一个电话上按下指定的数字键或者使用声控的家居控制指令。经过设计好的自动化程序后，当家里的有线电话通过调制解调器连接上 HAL 时，就成为一个既可以与家里对话又可以从家里连通外界的媒介。

当智能家居计算机连接到网络和座机的电话线时，无论你在世界上的哪个地方，都可以获取到网络上的邮件、新闻、天气、股票行情和更多的信息。

作为附加到计算机上的 HAL 语音门户，对于一个 HAL 软件的用户来说都是专用的。在本书中列出的价格是 289 美元，这就增加了我们本书原型的预算。

> **注　意**
>
> 安装 HAL VP300 语音调制解调器项目本书原型的预算为：289 美元。
> 到目前为止本书原型计算机的总预算为：2033 美元。

HAL 内置 PCI 语音门户（VP300）调制解调器如图 9.1 所示。主板上的 PCI 插槽生产的不都一样。该调制解调器支持 PCIeX1 插槽。

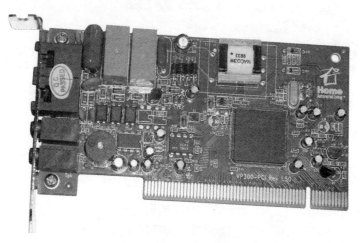

图 9.1 HAL VP300 修改版 1.50 调制解调器侧视图显示连接

图 9.2 从某个角度上显示了调制解调卡上可以使用的接口。在卡上有 4 个接口，其中两个 RJ-14 接口和两个 0.25in 单插孔接口。前面的 RJ-14 口连接到你的电话或者家里所有的分机以使每一部电话都连通。后面的 RG-14 接口连接到电话公司的线，因为所有的分

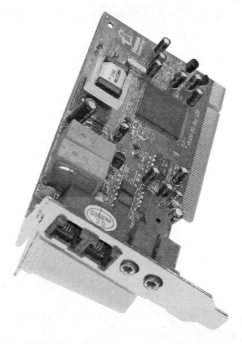

图 9.2 语音调制解调器连接口［从上（左）分别是连接到电话的 RJ14 口，
连接到网线的 RJ14 口，单声道麦克风口和单声道扬声器插孔接口］

机都要被串联以使得调制解调器可以控制房间里所有的电话。换句话说，内部的电话铃声和语音信号必须通过 HAL VP300 调制解调器才能起作用。HAL VP300 调制解调器有一个连接到电话公司网络接口的输入插口和一个连接到家里所有电话线的输出插口。

9.1　安装语音门户调制解调器

现在开始安装语音门户调制解调器，关闭 HAL2000 服务器和 PC，拔下计算机的电源线和其他连接到计算机上的线。到一个无静电的地方（避免有地毯的房间）用一个台子或桌子作为工作台来运行计算机。

把计算机放到工作台上，卸下后盖。在大多数的计算机上，卡槽和槽盖被一个单独的螺钉固定在支架上。计算机的这种设计简便并且避免使用过多的螺丝。如图 9.3 所示，一个带弧形箭头的半圆形金属片被抬起并且指向计算机后部。当金属片被旋转到指向计算机的后部和底部时，卡槽支架会松开，如图 9.4 所示。它们可以轻松地被拿起然后放入新的调制解调器卡和串行接口支架。这样新的调制解调器卡就安装在了槽中左侧，使得支架被移除。

图 9.3　拉起半圆片，释放固定卡槽支架的压力

用小螺丝刀或者刀片从主机箱取下支架和弹簧支架移走填充挡片。如图 9.5 所示，主板上有一个空卡槽。要安装一个 PCI 卡，为了能顺利的放入并与槽连接必须保持卡与系统板平行。用一只手用一定的力道摁住卡槽的底端同时在另一端将卡插入卡槽。

> **注　意**
>
> 适当的力道是关键。当你安装卡到主板上时，用适当的力道是关键。不要强行插卡或者用蛮力使得卡损坏弯曲。用一点点力就可以把卡插进去，所以如果没有插好，可以稍微移动重新插，但是不要用力过大。如图 9.6 所示将卡正确的放入 PCI 系统板卡槽。

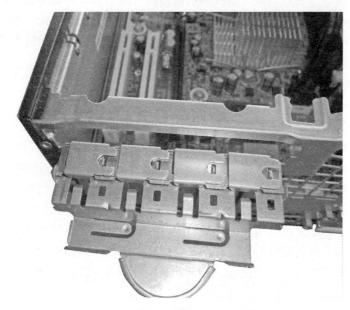

图 9.4　在支架上部有一个槽口，方便装入到机箱上

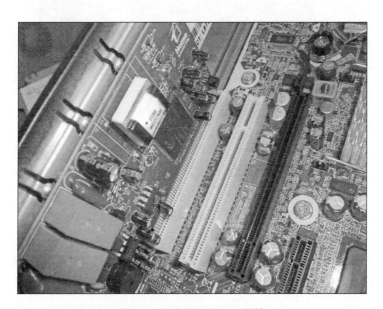

图 9.5　将卡轻轻地压入插槽

　　如图 9.7 所示，将卡支架放好对齐。需要注意的是，HAL VP300 调制解调器支持小型号和全高卡槽，所以如果有些读者的计算机带有全高 PCI 卡槽也可以使用。但是安装全高卡槽时，需要卸掉两个螺钉来改变支架的结构。

图 9.6　卡被均匀、准确地安装在卡槽中

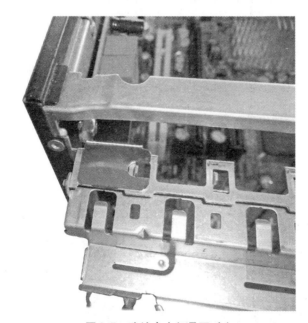

图 9.7　确认卡支架是否对齐

9.2　连接操作系统中的语音门户

在这一步把计算机上的连线连接好，记住当其他连线都连接完成后才能插上计算机的电源线。

要使新的硬件工作，仅仅连接硬件是不够的，还需要打开操作系统识别新硬件并且成功地进行通信。

由于调制解调器是"即插即用"的设备，所以当你安装上调制解调器后第一次打开计算机时，操作系统就会搜索该调制解调器的硬件驱动程序。如果由于错误的驱动或者加载了不对应的驱动致使硬件发生冲突，设备管理器会显示出来。用鼠标右击"计算机"这个图标，选择"属性"，进入"设备管理器"，扩展调制解调器图标的列表找到一个类似于图 9.8 的窗口。注意，调制解调器显示的是 PCI Simple Communications Controller 那一栏，如果调制解调器就没有被正确地安装或者识别，在 PCI 的 P 位置会有一个标志显示。

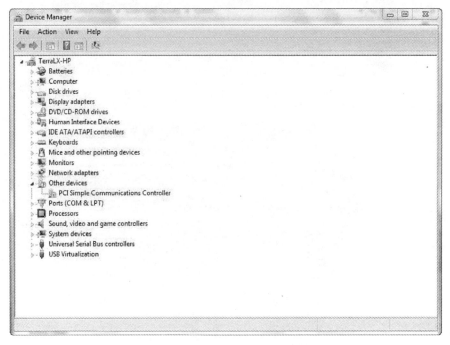

图 9.8　观察到在 PCI 附近的出错标志表示有问题

如果你下载好了驱动程序，直接打开硬盘驱动器目录。如果你有 HAL 自带的安装光盘，打开专为 HAL VP300 Windows XP 系统驱动光盘的驱动程序目录。无论通过什么方法获得的驱动程序，最后双击 HXP Setup 开始安装程序。

双击安装程序后，会出现如图 9.9 所示的窗口。选择 Install this Driver Software Anyway 选项继续安装。

如图 9.10 所示，驱动安装完成后，返回设备管理器列表表明安装是正确的。注意，此时的 HAL 语音门户调制解调器的特定信息已经替代了通用属性。

关闭 HAL 服务器，重启计算机，认真看窗口的信息尤其是加载 HAL 电话接口组件时。

图 9.9　Windows 由于安全设置出现的警告，继续执行

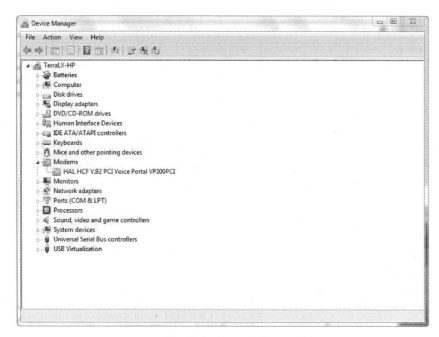

图 9.10　错误的标志已经消失，不再出现

9.3　具有 HAL 安装向导的语音门户的安装

现在操作系统以及可以识别的语音门户，需要安装入口来识别 HAL 软件。首先需要自定义安装 HAL 软件，由于调制解调器在系统中已经安装过，在 HAL 首次安装之前，我们本应该选择初始化安装这个选项。在第 8 章中已经提到了 HAL 的安装过程，我们可以从 HAL SetupType 这步以后按照之前提到的步骤来安装，如图 9.11 所示。选择 Custom Setup 然后单击 Next 按钮。

在复选框勾选 Modem 和下面的 Remote Telephone、Digital Answering Machine、Home Telephone，如图 9.12 所示，然后单击 Next 按钮。

图 9.11　这次选择"Custom setup"

图 9.12　选择要安装调制解调器的类型

在接下来出现的界面里选择网络连接方式和邮编来获取天气信息。需要注意的是，如果使用的是 DSL 宽带连接 Internet，要确保语音调制解调器能接收清楚信号。输入相应的信息后根据向导继续安装直到出现如图 9.13 所示的界面。语音门户调制解调器的信息和通信接口在下拉菜单里。如果未识别调制解调器，单击 Auto Sense，软件就会自动选择调制解调器和接口。如果你正在使用拨号网络服务，勾选 My Telephone and Internet Connection Use the Same Phone Line 选项，检查所有的信息是正确的，再单击 Next 按钮。

如图 9.14 所示为 HAL Remote Telephone Services 配置窗口。为家里的自动化平台安装和配置一台语音调制解调器最主要的好处就是可以通过电话控制系统，所以在界面上勾选 Yes，在下面的 Personal Access Code 的两个数据框输入相同的 4 个数字作为控制 HAL 的个人访问密码。单击 Next 进入下一个窗口。这个窗口是询问你是否想通过电话控制 HAL，因此选择 Yes 或者 No，然后单击 Next 按钮。

图 9.13　与语音门户调制解调器相关的通信
　　　　接口的选择是很重要的

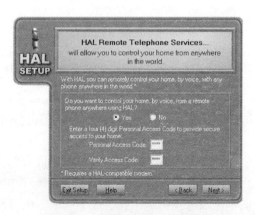

图 9.14　在窗口中输入个人密码

在接下来的两个窗口是要配置 HAL 的数字电话应答功能。如果你想使用此功能，选择 Yes，单击 Next，在下一个窗口中选择是否要录自定义的语音问候还是先使用默认语音问候稍后再自定义修改。单击 Next 到下一个窗口，继续单击直到自定义安装向导完成。启动 HAL 服务器，然后右击系统盘中的 HAL 图标来弹出系统设置窗口。在 System Settings 窗口打开后，选择 Telephone 后会显示如图 9.15 所示的窗口。

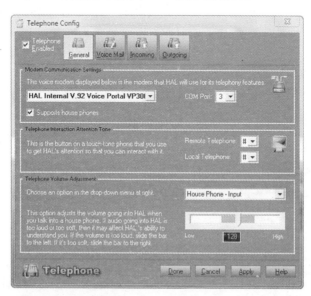

图 9.15 注意窗口中的 4 个选项：General、Voice Mail、Incoming 和 Outgoing

如图 9.15 所示的是电话配置的通用界面。在默认系统语音门户设置的是通信接口 3。在 Telephone Interaction Attention Tone 这一栏中，设置一个密码为你想要从外线呼入电话使 HAL 进入行动模式并且服从指令。第二个下拉的窗口是要设置一个连接 HAL 和内部分机的一位数密码。为了不干扰 911 电话应避免使用数字 9。不要选择经常拨打的电话号码的第一位数。当你往外拨电话时只要摁下的第一个号码不是设置的 HAL 密码，HAL 语音调制解调器就不会工作。有了这些密码，当你拿起电话时不会有任何的不同，你会听到拨号音也可以像往常一样拨打电话。唯一的不同是当你首先输入了设置的数字时，HAL 会立即开始工作并接收指令。

> **注　意**
>
> 关于电话的注意事项。HAL 语音调制解调器需要的是按键式电话而不是旋转号盘电话，所以把以前那种古老的黑色电话放到角落里去吧!

在 Telephone Volume Adjustment 一栏可以分别调整三种电话设备的输入和输出音量，即座机、远程电话和在 HAL 语音门户调制解调器里的扬声器。可以分别打开三种设备的下拉菜单，然后通过从 Low 到 High 水平滑动指针独立调节。默认的是蓝色范围内的数据，如果需要的话可以自行调整。

设置好这些选项后，单击 Apply 保存你的设置。然后单击 Voice Mail 来配置下一个模块。

如图 9.16 所示为一系列关于语音信箱的设置。智能家居计算机必须依靠 HAL 服务器运行来处理接到的电话。在 Answering Machine Settings 一栏，勾选 Turn Answering Machine On 选项。选上这个选项后，就可以选择电话响多少声后 HAL 才替代电话开始工作。如果你的电话有语音信箱的业务，你需要知道响多久之后语音信箱开始工作。知道这个数值后，选一个比它小的数作为 HAL 开始工作的数字。你也可以索性关掉你的电话自带的语音信箱功能。第二个下拉菜单指的是 HAL 回复功能关闭但是计算机的 HAL 服务器还在运行的情况，在下面的下拉菜单里设置这种情况下 HAL 工作状态，在答录机关闭时，你仍然希望电话响几声后 HAL 回复你打来的电话，以便可以方便地使用通信码来控制家里的设备。

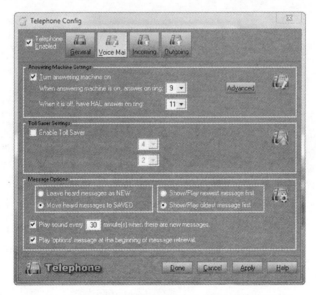

图 9.16 选择合适的数字确保 HAL 在恰当的时机工作

剩下的面板主要是设置一些个人喜好，比如说 HAL 如何保存语音信息和有新消息时计算机多久提示一次。当你的选项都完成之后，单击 Incoming 进入下一个窗口。

如图 9.17 所示，可设置关于语音门户如何处理来电的选项。HAL 自动化软件根据计算机扬声器的铃声筛选来电。在原来的系统中，选择了 Until Answered 选项且提供铃声 4。由于 HAL 软件里安装了声调系统，所以你可以使用 PC 上任何的 WAV 格式的音乐片段作为你的铃声。

下一个部分是控制 HAL 的来电显示功能。HAL 可以通过 PC 的扬声器通知呼入者，拦截电话或者回复特定的短信。建立不同的脚本作为通讯录，确定输入正确的名字和电话号码。直接用通讯录里的名字这个选项要比直接用 HAL 软件内部的通讯录好得多。一定要

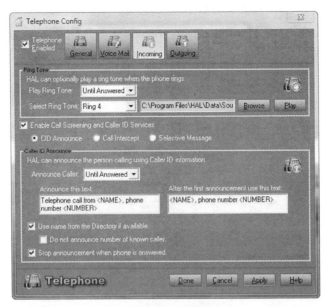

图 9.17　在该窗口设置关于处理来电的个人喜好

勾选上打电话时停止通知，这样就可以在你讲电话时停止 HAL 的通知。

　　你可以用房间里的任何一部电话与外面打来的电话进行通话，或者用配备有连接到声卡的耳机、麦克风或扬声器的 HAL 进行通话。作为备选，还可以利用语音门户下方的 3.5mm 的单声道麦克风和扬声器来把 HAL 语音门户切换为免提模式。如果对输入的数据和设置已经满意的话，单击 Apply 进行保存，接着单击 Outgoing 按钮。

注　意

　　对于国际的读者，本书原型计算机基于美国电话 ID 信息，所以为了 HAL 能够正确地解读来自国外的 ID 信息需要在 Windows 的控制面板中设置。

　　如图 9.18 所示是关于 HAL 拨号的设置。前两项是设置拨外网时的前缀，大多数的家居是不需要的，这一项可以不选。窗口的第二部分应填写长途前缀和本地拨号的区号。最后，在该窗口选择记录电话，设置想要保留的电话记录的时间，设置哪些电话你想要留下。完成设置后，单击 Apply 保存数据。完成所有的面板的设置后，单击 Done 按钮。HAL 会提醒你需要重启来保存这些改变。单击 OK 按钮，然后通过系统图标重启 HAL 服务器。

　　HAL 程序运行时看桌面的屏幕，并注意启动屏幕上方显示的信息。如果这些指示框没有出现任何提示，表示你的安装和设置都已经成功完成。现在可以开始准备测试 HAL 的一些功能特点了。

　　测试 1：拿起分机电话（如果只有一部电话也可）按下电话盘上的一个数字，进行

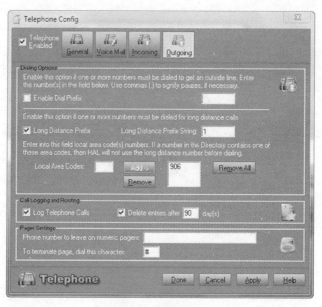

图 9.18 设置拨号界面

内部访问，然后听电话。如果你一段时间没有说"注意"词（默认的"注意"词是"计算机"），该应用程序就会说"Yes?"并且等待你的语音指令。此时你就可以对一个工作的设备发出打开或者关闭的语音指令。关于如何使用语音指令参照第 5 章。此时，HAL 就会执行相应的指令。这个动作完成后，挂断，重新利用该步骤恢复设备原来的状态。

测试 2：现在用另一条线路，呼叫 HAL 等待铃声响的次数达到设置的数字之后，HAL会回复信息。在 HAL 问候结束留一条信息，如果此时你不能处理这个电话，可以让你的助手在房间等待并且听来电通知。之后你可以在电话板窗口恢复这条信息。

如图 9.19 所示是准备使用的 HAL 电话面板。想要拨打一个电话，就在电话板上输入

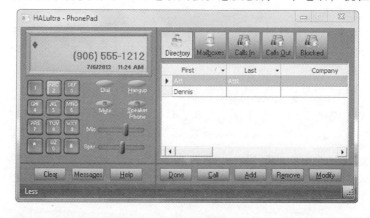

图 9.19 HAL2000 电话面板

电话号码然后点击拨号。拨出号码后，可以用任意一部扩展电话进行通话，也可以用声卡的麦克风和扬声器说话，或者单击电话板上的免提按钮用单声道麦克风和扬声器说话。当软件处理了一些来电后，你可以单击 Call In 按钮（或者 Message 钮）和右击电话列表，就可以在出现的菜单上选择 Call 进行回拨，选择 Add to Directory 添加到电话本，选择 Remove 把该电话记录移出列表，选择 Remove All 把所有电话都移出列表，或者选择 Add to Blocked List 移动到黑名单。

测试 3：用鼠标在 HAL2000 电话面板上输入数字拨号到另一条线上，确定调制解调器可以向外拨打电话。

第10章

项目7，实现绿色家居环境

对于任何功能齐全的智能家居系统，一个非常令人兴奋的功能是，在满足家居人员最大舒适度的同时，管控家居能源利用。由于 HALultra 对家居环境提供了任何时段、任意空间位置的控制，利用它管控家居能源令人兴奋。同时，HAL 提供了自动控制室内温度的选项，由你或远程家居成员动态管理和监控环境变量来实现。为此，本章介绍了一个初级项目：为补偿暖通空调的控制，安装一个兼容的温控器，并设置吊扇控制器。目标是通过各种组件的运行提高家居环境的舒适度。例如，如果你想要空气流动，房间中的空调器运转；如果你想要打开吊扇，让房间中的空气流动。这些对于 HALultra 来说，它是一个简单的任务。另一个实例是窗帘或百叶窗：当打开空调器时，窗帘或百叶窗遮挡南向窗户。所有这些功能，使用 HALultra 均可实现。

10. 1　绿色家居

HAL 可根据您的智能家居要求，即按照家居人员的舒适要求，实现室内温度的最佳控制，也可以按照家居人员的节能要求，实现室内温度的最佳控制。只要你愿意投入精力，做出努力，在某种程度上，HAL 可以两者兼顾。

10. 2　温度与节能控制

在你计划和实施家居恒温自动控制项目之前，一些详细的基础设计工作应该由专业的暖通人员负责。家居恒温自动控制项目中有大量的电气工作，应由专业技术人员来完成。如果不适合在家中做暖通系统方面的工作，可以找你的好朋友帮忙。在许多司法管辖区，电气工作有州或省的行业许可。

作为一个 DIY 爱好者，你可能会发现，为在家中实现复杂全面的控制，你只需为恒温器与 HALultra 做好接口工作，并且增加几个监测装置。这些项目很容易由一个专门的 DIY 来实现。

10.3 冷热系统连接

对于调控加热、通风及空调系统，使用 HALultra 或 HALbasic 控制其他装置，其标准控制模型是一致的。标准控制模型包括在 HALultra 设置中的智能编程、与计算机相连的接口模块、与实际装置或温控器的通信方式（有线或无线），以及控制装置本身。使用暖通空调的控制或者为简单的装置开关控制，或者通过 HALultra 的自动控制功能进行远程多功能温控调节。

10.3.1 开关装置

本书中的其他章节对各种开关类设备模块，使用不同的技术进行安装和控制都给予了描述。本章将描述这种开关类设备模块的不同控制技术。例如，在一个偏远地区的小屋里，你可能有一个水泵房，在那里一年中会有几天温度很低，甚至会达到冰冻损坏水泵房的程度。可以使用可开关控制的温控器装置，代替全天候使用的电加热器，当室外温度低于 34°F[⊖] 时，加热电路启动。为了调整和控制家居环境的制冷和制热系统，唯一需要决定的是，在自动化规划中，如何构建简单的开关控制系统。维持家居环境的温度，为家居人员提高舒适度而补偿控制暖通空调，需要建立复杂的基础系统，以实现家居环境的冷暖控制。与节能倡导者不同，我主张的绿色生活是不浪费一点能源或不降低家居者的舒适程度。其思想是消除能源浪费，从节省的能源中拿出一个很小的比例，用于增加居住者的舒适度。

10.3.2 恒温器

我们可以使用 HALultra 智能家居系统来控制一个或多个家居暖通空调系统。你可以在一种类型的温控器上使用一种或多种协议或规范。数字温控器具有一些内置功能，可以通过温控器面板输入项操作，实现夜晚、周末的不同设置。使用具有 HAL 功能的温控器，为了让系统响应环境的变化，可以通过编制宏和规则，以及在方程中集成传感器，来实现复杂的输入操作。

10.3.3 设置测量装置（触发器、传感器）

以佛罗里达州的雪鸟案例，居住者为了节能省钱，在他们离开的几个月期间，将他们的北方房屋温度设置在 55°F，以免房屋结冰。同时，也可以将温控器温度设置在使居住者舒适的温度。利用 HALultra 智能家居系统，不管你居住在哪里，自动工作条件预置可以进一步降低加热或冷却的费用。

⊖ 原书所用词意为度，并未指出哪个温标，按美国习惯及实际情况，此处应为华氏温标。——译者注

术语"degree day"定义为，对于已经完成的家居暖通空调系统，任何一天内，当室外预设定的温度变化 1℉时，按照房屋居住者需求设定的加热或冷却的温度。HDD（一天的加热温度）指的是，在一天当中，室外温度低于环境舒适温度或预设置温度 1℉时，需要加热的能量；CDD（一天的冷却温度）指的是，在一天当中，室外温度高于环境预设置温度 1℉时，需要冷却的能量，以维持房屋目标温度。如果房屋需维持温度 55℉，而室外温度是 45℉，所以家居暖通空调系统需要为这个房屋增加 10℉温度的能量。任何时候，在不造成损害的前提下，多余的能量消耗降低为 0，既节省了开支，又为节约能源做出了有益的贡献。

10.3.4 建立基于时间的加热/冷却控制

如果房屋所在地的室外温度没有达到管道冻冰或者家中宠物中暑的危险，当你外出工作时，不需对暖通空调系统进行加热或冷却设置。通过监控室外温度，当温度高于 55℉时，HAL 的 IF/THEN 逻辑编程控制可以关闭系统加热。相反，当室外温度低于 45℉时，HAL 的逻辑控制将打开系统进行加热。基于时间规则，在你下班前 2h，可以通过程序控制，关闭传感器监控。这样，当你下班回家时，暖通空调系统为你的房间提供了冷热适合的温度。

为了加热和制冷要求，公用事业公司通常在你所在地区，基于 60~65℉之间的温度变化情况，进行全天候的温度统计。你可以利用这些当地的统计数据，进行数据比较与计算的节能分析。在有些国家的过热地区，当室外温度过高时，触发器可以打开空调器。这个概念与前面讲到的加热传感器的情况相同，它是一个反向问题。基于时间控制逻辑，为了节能要求，在你预计下班到家前 2h，设置空调自动打开。

本章项目内容是，通过安装一个调节吊扇运行的自动控制和安装一个由 HALultra 控制的温控器，来讨论控制动作顺序。利用 HAL 的程序设置，实现互补的工作模式。

为了这个项目，我们选择使用 INSTEON（无线家居网络技术），但是它可能就是一种温控器厂家提供的双边协议。本书第 16 章给出了常用的通信协议和多种使用这些协议的控制装置。您可以在上述列表中寻找暖通空调和家居环境控制装置。一些主要的热炉、空调器和热泵生产厂家，还提供了可用于智能家居系统中的，他们自己的品牌温控器。通常情况下，热泵（热/冷）系统需要专业的温控器，所以如果你的自动化系统使用的是热泵，那你要确保是与该热泵兼容的温控器。如果你正在构建一个新的智能家居系统，最初要由暖通空调承包商来安装 HAL 兼容的温控器。在你做智能家居项目之前，可以手动操作温控器，也可以在你做完冷暖系统智能家居项目之后，手动控制温控器。

10.4 安装兼容 HALultra 的恒温器

项目的第一步是要安装一个兼容 HALultra 的恒温器，最主要的挑战是我们不是暖通空调系统专家。让我们花费一点时间，解释一下与温控器相关联的一些布线术语，以及冷热系统的一些典型连接。如果过去老房子中的控制线缆从没升级或改变过，你会发现控制炉的温控器有两个金属片式或弹簧线圈式的开关，通过金属的热胀冷缩原理，控制开关的开或闭。在家居中，只有一个温控器既控制房间的加热，又控制房间的冷却，或者在一个暖通空调控制区，你会发现一些典型的四线制、五线制或七线制系统。当在连接一个新的温控器时，最好要清楚每根线是控制什么的。对于布线总是找承包商来做的人，完全清楚布线和含义是有点困难的，这时你只能做些 HAL 装置的控制设置。对于那些想自己做的人，这里是一些典型和正确的安装温控器的信息。

温控器连接点又称为终端名称和布线标签是大多数人所不熟悉的，下一节将介绍典型的终端名称和布线标签。家中的暖通空调系统布线、标签互不相同。术语"暖通空调系统"被描述为在一个壳体内冷却与加热功能均具备的控制单元，或者是在家中将控制单元安装在多个壳体，彼此相互协调的冷却与加热控制系统。"炉"是一个描述加热的术语，而"空调器"一个描述制冷的术语。

标准暖通空调系统的公共连接，通常被标记如下：

■ R 或 Common——连接电源（交流控制系统中的变压器）。

■ C（return path）——电源回路，通常用于现代数字温控器。

■ W1 或 W——该端子用于加热或接通热炉（加热单元）上的继电器或控制电路板。

■ W2——这是二级加热控制器，以便使燃烧炉或系统输出一个加高的热量。只有当温度差超过了一定的范围，例如 5℉，二级加热控制器才能被激活。如果热炉或加热泵仅仅需要将温度提升几度，使用温控器的 W1。

■ G——室内风扇。

■ Y1——第一级冷却。在多压缩机冷却系统中，接通空调器压缩机或第一个空调器压缩机。

■ Y2——第二级冷却。与加热过程类似，当出现一个加大的温度差时，二级冷却系统开始工作。

加热泵系统温控器和控制的附加连接标记如下：

一般情况下，家居热泵加热系统是一种逆向使用的空调器，当房间需要制冷时，它收集房间中的热量输送到室外；当房间需要加热时，它收集室外的热量输送到室内。这种由制冷到加热工作模式的转变，需要一些附加的控制线。

■ O & B terminals——加热泵使用，用于改变换向阀使加热模式转变为制冷模式。为使冷凝器和蒸发器工作状态相互转换，电磁线圈会从一个物理位置移动到另一个物理位置。

■ E——一些热泵使用该控制线来打开一个应急加热模块，例如，热泵机组故障或室外温度过低，导致热泵无法有效地进行换热工作。

■ X 或 Aux——一些热泵要安装在温度经常处于过低的地方，该地点热泵要保持加热工作状态。在这种情况下，辅助控制被启动作为备用热源，通常是指电阻加热装置，或者是热风炉。

这里有许多布线和连接的方法，但是前面介绍的方法适合于大多数家居。通常，加热泵布线连接到室外温控器，这种布线方法有助于逻辑电路更好地管理系统。

令人遗憾的是，加热系统中导线颜色没有标准的颜色编码规定。那么，暖通空调的安装人员对于导线颜色只遵循一种习惯或过去的经验，或多或少地遵循以下的颜色列表。对于温控器终端连接，以下是导线常见的颜色：

编　码	对应颜色	编　码	对应颜色
R	红色	G	绿色
C	可能是黑色，也可能是白色、蓝色、棕色	Y1	黄色
W1	白色	Y2	蓝色、粉红色或两种颜色交替
W2	蓝色	O	橙色（换向阀）

幸运的是，大多数温控器的连接点都用前面所示的字母标识。在我所遇到的所有实例中，终端连接点处的字母标识很少有与以上不一致的，但是导线的颜色常常有差异。你可以通过拆除已安装的温控器，仔细做好导线标识，来补偿导线无标准化颜色的缺陷。当拆除住所中已安装的温控器时，要仔细检查先前已经讨论过的温控器连线终端名称。然后，在拆除温控器前，按照图 10.1 所示，使用标签标注每根导线。也可以自己制作标签，粘贴在导线的端部。

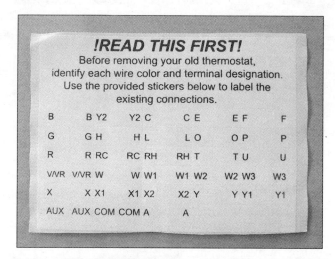

图 10.1　当拆除已安装的温控器时，标注导线标签的字母符号

如果正在使用南方恒温器 5 芯电缆，电缆中导线颜色分别为白色、红色、黄色、绿色和蓝色。当安装一个需要供电的数字温控器时，可以使用双芯电缆，从交流 24V 变压器取电，为温控器供电，然后使用 5 芯电缆，连接控制电路。

如果你的新系统需要高于五芯的电缆，科尔曼调温器 8 芯电缆可以使用，电缆中 8 条导线的颜色分别是黑色、绿色、棕色、红色、蓝色、白色、橙色和黄色。这两种产品都是低电压、低电流导线，所以只能用于低功耗控制电路。

本章的例子中，我在塞罗附近的当地大卖场找到了 7 芯电缆。该电缆具有棕色聚氯乙烯外套，内部的 7 条导线颜色分别为红色、绿色、蓝色、黄色、浅棕色或米黄色、橙色和白色。

在这个项目中，我们选择的是型号为 2441 TH INSTEON 的智能温控器，该温控器采用 7 芯电缆系统，属于数字型温控器（见图 10.2），通过温控器的前面板操作，可以设置一些自动化功能。由于数字型温控器需要，暖通空调系统由交流 24V 变压器供电，所以需要两芯电缆连接至供电变压器。这个系统具有温控器背部安装方便和控制电路板易于更换的特点。

要安装这种温控器，必须要先拆除旧的温控器，正确布线并连接。在选择温控器时，必须要知道暖通空调系统中的控制电压是多少，是交流电源供电，还是直流电源供电。在购买一个温控器时，你同样要知道这些信息。通常情况下，暖通系统的控制电压是交流 24V，但并不总是如此。

在温控器安装墙壁侧的背部面板是通常的出线位置，移动控制板到侧边，以便容易进行导线与图 10.3 所示的连接器相连。如果想将温控器从一处安装到另一个新位置处，可以完全采用新的控制电缆，也可以用新的导线与旧的相连接，保持原连接标签。螺钉的右边是与连接针相连的弹簧插座。

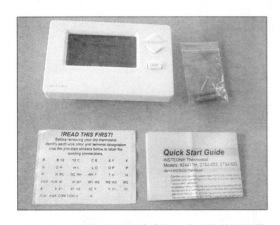

图 10.2 为暖通空调系统选择一个可控的温控器

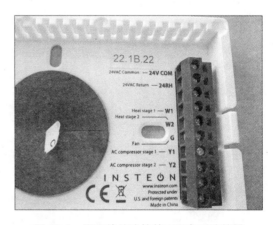

图 10.3 用于终端连接的下压条形连接器

当温控器安装完毕，将电路板接触触头插入条形连接器右边的接触器插座中。

由于温控器是与 INSTEON 兼容的产品，所以无须为温控器连接控制线。INSTEON 控制模块使用 RF（无线电频率）与温控器进行通信。

对于使用两芯电缆温控器的老房子而言，使用技术先进的数字温控器来控制热炉是件相对容易的事。即使对于那些，生活在路旁汽车家园和旅行拖车中的人，也可以使用 HAL 兼容的数字温控器。数字温控器通常需要 24V 交流电源供电，传统的加热系统控制可以使用 12V 交流电源，还有一些系统（RV 系统）使用 12V 直流电源为热炉启动及运行控制供电。解决办法就是，使用变压器为数字温控器提供交流电压，当温控器控制加热时，24V 交流电压加到 W1 端（有些温控器是 W 端），即 W1 端与 24VCOM 端相连，与 24RH 端构成回路。

控制电压的 W1 端与 24V 交流工作继电器的控制线圈相连，回路与变压器的公共端相连，以构成控制回路。在这种情况下，继电器（或继电器组）处于正常的闭合工作状态。通过继电器触点的闭合，交流或直流电压为当前的控制板或本地热炉供电。你可以使用万用表测量电压的大小和类型，但是电流只能从热炉的操作面板或数据面板上得到。继电器工作线圈的控制回路是 24V 变压器的公共端，并且继电器触点的开闭替代了温控器老式双金属片的开闭。这并不是一个很好的解决方案，但是它能正常工作。对于我们的自制项目，还应正确选择导线类型、确定导线使用长度、安装继电器于壳体内等。

> 测量电压时的注意事项：当使用万用表测量未知电压时，首先要把万用表设置到交流最大量程，测量过程中，逐步下调量程。如果交流电压量程是 0 ~ 25V，仍然没有电压指示，那么把万用表测量电压档位调至直流档。如果使用直流档测量交流电压，交流电压会损坏万用表的直流电路。时刻要注意的是，为安全起见，在测量电压时，要戴电工使用的橡胶手套，只有测试仪表的探针，才可以接触裸露的导线。

一个 240V 的电阻加热负载也可以按照相同的方式工作，但继电器触点必须支持所要求的电压和电流。一个包装精良的多功能的继电器可以支持 20A 的电阻加热负载工作，其功能器件型号为 RIB2401B。

这种类型的继电器是一种杰出的产品，因为继电器线圈可以工作在交流 120V 或交流 24V，甚至可以在直流下工作。

如果需要多个继电器工作，要确保为数字温控器供电的控制变压器和继电器触点具有足够高的电压来支持负载工作，触点电压不要超过温控器触点控制电路的额定值。可以使用外部继电器，代替一组 24V 继电器与温控器连接。例如，需要控制一个 80A 的电阻加热电路，连接到温控器的继电器将被用来增加 2 个或更多的 120V 继电器，其触点将控制加热负载。

在这种情况下，对于家里已经采用交流 24V 暖通空调系统的情况，针对数字温控器，你所需要做的是用三导线更换两导线来连接温控器。由于电缆的价格低于 1 美元/ft，可以使用 7 芯或 8 芯的电缆来更新过去的暖通空调系统，以实现更加现代的系统。图 10.4 所示为用过去的温控器导线标注，正确连接 INSTEON 温控器的控制线路。

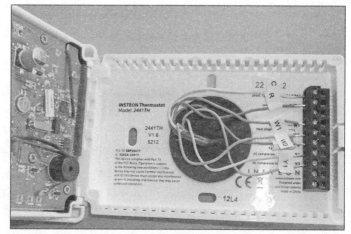

图 10.4 新旧温控器导线连接的图示

> **注　意**
>
> INSTEON 温控器为：150 美元。
>
> INSTEON 温控器串行接口为：80 美元。
>
> INSTEON 风扇模块为：60 美元。
>
> 至此总成本为：2326 美元。

10.5　安装风扇/灯光集成控制装置

在完成了早期的项目或者至少读了前几章之后，你会发现安装 INSTEON 风扇/灯光集成控制装置是相当简单的。INSTEON 风扇/灯光集成控制装置如图 10.5 所示，它有 4 条引出线，分别为白色中线、黑色加热线、红色风扇线和蓝色灯光线。如果风扇不需要灯光，直接断开蓝色线，将导线裸露部分用胶带包上即可。

在安装位置，最主要的问题是，集成控制装置及连接端子在天花板风扇罩内的空间是否够用，如果天花板风扇安装在一个很小的罩子中，安装可能是一件困难的事情。安装后，由制造商提供的安装说明用黑色胶带粘贴到控制装置灯的上面。来自制造商的说明如下：集成控制模块与"网络"连接，在将集成控制装置安装在天花板风扇罩上之前，临时为模块供电，用两个灯泡进行测试，一个灯泡用于测试灯光控制，另一个灯泡用于测试风扇控制。按照先前的设置，很容易观察控制装置上灯光的状态，确保在爬梯安装前，集成控制装置能够正常工作。

吊顶盒及控制装置供电接线如图 10.6 所示，其余导线用于风扇和灯控的连接，即白色中线、红色风扇连线、蓝色电灯连线及裸线连接。

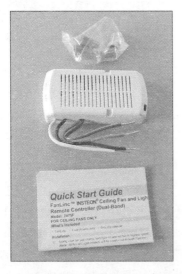

图 10.5　INSTEON 风扇/灯光集成控制装置　　　图 10.6　连线时临时将风扇吊在天花板上

10.6 HALultra 接口设置

为了使用 HALultra 控制 INSTEON 装置，需要使用 HAL 设置向导设置控制接口，接口装置如图 10.7 所示，它需要用 USB 线缆与计算机相连。

就近将接口控制装置插入电源插座，只要 USB 线缆长度够用，尽量让计算机远离电源插座，将 USB 线缆与接口控制装置的 USB 接口连接。在家居布线中，如果连线不通过电涌抑制器或备用电池，控制装置提供的信号不会受到影响。USB 线缆的另一端与已经开机启动的计算机相连。

Windows 的安装图标显示在计算机屏幕桌面上。对于任何 USB 装置，Windows 操作系统都会加载一个合适的驱动程序，以驱动接口控制装置工作。在安装过程中，注意驱动程序寻找的是 COM 接口。

为控制装置安装完 USB 驱动程序之后，关闭 HALultra 服务器，运行 HAL 安装向导。在安装向导开始后，单击 Setup 安装按钮。

在安装过程中，做完新的选择，以及对前面章节做过的选项进行检查之后，单击 Next 按钮进入下一个安装窗口界面。当进入到如图 10.8 所示的 HAL 家居控制服务窗口时，选择 X-10/INSTEON 选项，并单击 Next 按钮。

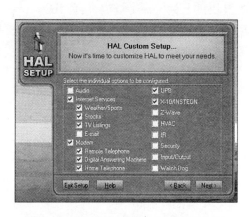

图 10.7　INSTEON USB 控制装置不能
插入计算机的备用电池

图 10.8　在窗口中选择 INSTEON 选项，
并单击 Next 进入到下一窗口

在图 10.9 所示的窗口界面，选择 INSTEON 合适的样式和接口装置，按照 INSTEON 的习惯称之为调制解调器。在计算机中初始设置的串行接口是 COM4，所以在进行这一窗口的其他操作前，要正确地设置串行接口。在安装过程中，串行接口应该在数字 1 和 4 之间做正确地选择，这取决于安装时，INSTEON USB 驱动程序找到了哪一个 COM 接口。

按照向导剩余的部分，完成设置工作，然后连接服务器。运行服务器，打开自动设置屏幕界面，单击 Devices 选择卡，按图 10.10 所示，选择 Add 新设备，然后单击 Next 按钮。

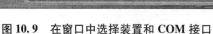

图 10.9　在窗口中选择装置和 COM 接口　　　　图 10.10　添加恒温器设备界面

在如图 10.11 所示的管理器窗口中，选择设备位置和设备接口信息，继续按下 Next 按钮。

在图 10.12 所示的设备控制器窗口中，通过下拉菜单，输入调温器的型号，并从可用设备列表中选择设备，完成选择后，单击 Next 按钮。

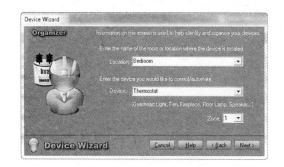

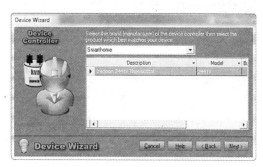

图 10.11　主卧室空调区温控器设置界面　　　　图 10.12　选择制造商和设备模型界面

设置语音控制和任何期望的记录，完成接口参数设置。当设置完成后，卧室的温控器将在如图 10.13 所示的设备窗口中可见。

除设备的选择不同，对于 FanLinc INSTEON 型号 2475f 风机控制器的情况，其温控器设置几乎相同。有时一个人可能要寻找一个确切的设备。可能你期望寻找的风扇控制器被已列在“风扇”控制器列表中，但因为它还控制着一个连接风扇的照明网络，所以还应按照如图 10.14 所示的设备选择向导，选择照明设备的控制类别。

选择照明类别后，单击 Next 按钮，直到显示图 10.15 所示的窗口界面。在此界面，进入了该控制器的制造商和型号显示界面。为了完成安装，应在向导中继续单击 Next 按钮，直到单击 Finish 按钮，退出安装程序。

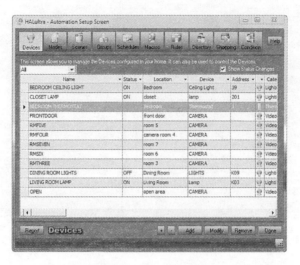

图 10.13 可控设备列表

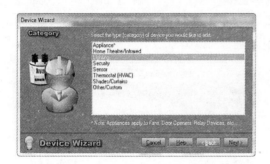

图 10.14 在照明类别中列出的风扇控制器

图 10.15 选择设备模型号窗口

对于这些在 HALultra 中已安装的和确定的设备，可以使用新的和创新的方法，探索和实验这些设备，来保持居住者的舒适性和便利性。可以尝试使用规则和宏来控制设备，并使用传感器来触发宏控制。使用 HALultra 设计出一系列应用，可使你的家通过设备达到最好的加热和冷却效果。

第11章

项目8，安装新的控制器与接口：
Z-Wave、INSTEON等

本章将探索如何为用户的 HALultra 平台添加兼容的接口以及控制器。一些用户可能想要为其智能家居系统添加的技术或者接口将在接下来的部分进行简要的介绍。

11.1 HALultra 附加接口

在 HALultra 的设置向导中用户可以找到市场上出售的并且与其相兼容的设备和接口。根据前几章介绍的内容，可以通过 HALultra 系统的设置窗口对这些设备进行进一步的设定。本章将给读者介绍更多的信息而不仅是关于该项目的细节，以使读者不仅可以设计基础的系统，而且可以设计使用多种协议和接口的复杂系统。这些新的接口可能更难安装，但是如果有足够耐心的话也并不是无法完成。安装这些新的接口与前面几章介绍的安装基于多协议设备的方法大同小异，支持所有 HALultra 系统兼容的协议可以使该技术与任何智能家居系统相兼容。简单来说，在之前的章节中你已经学会了如何制作智能家居，对于新的附加协议来说，唯一的区别就好比蛋糕中需要不同的原材料。

11.1.1 ZigBee

作为一个亲自动手的爱好者来说，你可能发现 ZigBee 很有吸引力。ZigBee 是一种在低功率无线网通信协议，它与类似于 UPB 这种用于家中设备通信的有线交流协议不同。当所涉及的智能家居空间很大时，ZigBee 可能就是一种用于设备间通信的很好的选择。如果你想要测试 ZigBee 的话，那么有一个叫 ProBee 的接口可以用于计算机和无线射频设备通信，它是一种由 KANDA 生产的基于 USB 接口的发射接收设备。在智能家居系统中使用该通信协议的难点在于，与其他技术相比，在市面上只有非常有限的支持 ZigBee 的智能家居设备可供用户使用。现在并没有可以在智能家居系统中直接使用的 ZigBee 接口或者设备，在没有更丰富的支持 ZigBee 的智能家居产品前，本书并不建议将 ZigBee 作为一个主要的通信协议。

11.1.2　Infrared 红外线

图 11.1 展示了一个 JDS 红外线接口。这是一种比较旧的接口类型但是仍然被广泛使用，它在背面有 4 个 IR 扩展插槽。这些 IR Xpander 需要一个 COM 接口来进行控制以及一个对准每个设备的红外线发射器。当你远程控制电视换台时，那红外线控制就是很好的选择。红外线可以用于控制智能家居系统中的所有电子设备，通过安装特定的与 HALultra 系统兼容的接口可以使用户通过语音控制这些电子设备。用户可以考虑使用一种由 AMAZON 提供的新型红外线控制器，它基于不超过 200 美元的全局缓存模型 CG-100。

图 11.2 展示了如何在 HAL 设定窗口中对相应的红外线设备进行设置。设备的配置在 HALultra 系统设定窗口中进行设置。在 HALultra 自动设定窗口中对所有的设备进行识别，在设备安装向导中添加所有的设备和接口基本都遵从于上述步骤。

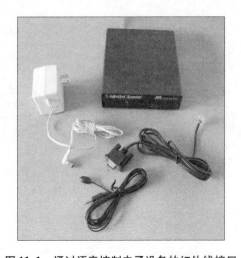

图 11.1　通过语音控制电子设备的红外线接口　　　**图 11.2　HAL 判定 IR 设备的设定窗口**

11.1.3　HVAC

如果在安装向导中勾选了添加 HVAC 设备的选项，那么用户还需要指明设备的厂商和型号，如图 11.3 所示。

11.1.4　安全

如果在 HAL 设定窗口中勾选了安全选项如图 11.4 所示，那么就会看到它所支持的所有安全选项。图中的下拉菜单并没有显示完全所有的设备。

因为 HALultra 可以开启或者是关闭你的安全系统，用户必须要在图 11.5 所示的窗口中进行附加的配置并且输入密码。该安全系统面板所使用的指令码是在安装时存储在内存中的。解除安全系统的指令码可以与安全面板上的所使用的指令码不同, 这提供了更高级别的保护。

图 11.3 下拉菜单中给出了所有刻意支持的设备

图 11.4 HALultra 可以控制并且扩展安全响应

11.1.5 输入/输出

如车库门电动机、自动灭火装置等这样的简单设备可以由 HALultra 系统直接进行控制。图 11.6 中的窗口可以帮助你将这些设备与 HALultra 连接起来。这个窗口只有当用户在最开始设定窗口中勾选了 I/O 设备选项才会出现。

图 11.5 安全码并没有在窗口中显示出来

图 11.6 I/O 设备选择窗口

11.1.6 INSTEON

在接下来的内容中, INSTEON 被用来控制一个灯、电风扇或者温度控制模块。用户可以找到很多可以与 HALultra 系统兼容的 INSTEON 产品。因为 INSTEON 和 Z-Wave 都是使用 RF 信号, 它们可以很好地应用在自动电子锁以及温度控制模块等不直接使用交流电源的设备上。如果想找到现成的传感器、显示器或者警报开关的话，那么首先去查找 IN-STEON 所提供的产品，可以参考第 10 章来获取如何安装 INSTEON 产品。

11. 1. 7 Z-Wave

这章的剩下部分会讨论如何安装 Z-Wave 系统剩下的部分。在 HALultra 系统中安装并且使用 Z-Wave 系统是比较复杂的，本章的教学项目就是如何安装 Z-Wave 系统。Z-Wave 的产品非常丰富，目前来说，其传感器、显示器以及警报开关设备在同一行业中都处于领先的位置。它为大量不同种类的设备提供了接口，查看 Z-Wave 的相关信息来决定是否可以将他应用在你的智能家居系统中。用户可以购买一套售价为 100 美元的 Z-Wave 的新手套装，如图 11. 7 所示。其包括一个远程遥控器、3 个灯控模块、一个温度调节模块，这么便宜的价格是因为套装中提供的大多数产品已经停止生产了。根据用户的需求不同，花费也会有很大的区别。

用户需要安装一个 Z-Wave 的网络来控制其相应的设备，Z-Wave 需要一个主控制器来进行设定以及一个从控制器来完成具体设备的控制。如图 11. 8 所示的 Leviton USB Z-Wave 接口/控制器是一个非常好的选择，它是一个无线电发射器来将指令发送给使能了 Z-Wave 的设备并同时接收设备所反馈的信息。这里所展示的型号是 Leviton VRUSB-1US，是由 Leviton 推出的 RF 安装工具。如果要使用这个设备，那么请登录 Leviton 的网页来获取更多的信息，并可以下载控制所需要的软件。

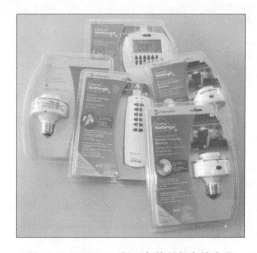

图 11. 7　Z-Wave 新手套装所包含的产品　　　　图 11. 8　Leviton USB Z-Wave 控制器

除了需要一个控制器以及相应软件来设定网络之外，用户还需要一个与 HAL 系统相兼容的二级从控制器。本章选用如图 11. 9 所示的 Leviton VRCOP-1LW Vizia RF 以及一个 RS-232 串行接口作为来搭建本书的原型系统。本书原型计算机在本章所选用的设备所需要的预算如下所示。

注　意

Z-Wave 入门套件的价格为：100 美元。

Leviton　Z-Wave USB 接口价格为：1 个 80 美元。

Leviton　VRCOP-1LW Z-Wave　串行接口模块价格为：109 美元。

到目前为止，本书原型计算机的总成本为：2615 美元。

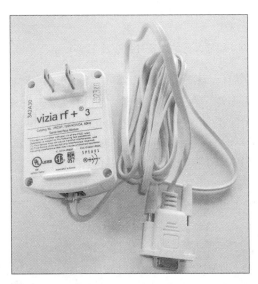

**图 11.9　这个装置一端连接到一个可用的 COM 接口，
另一端插入家居计算机附近的交流电源插座**

11.2　设置 Z-Wave 网络

　　Z-Wave 技术非常适合于在智能家居系统中应用，但是 Z-Wave 网络的安装以及如何将其控制权转移给 HALultra 系统相对复杂。Z-Wave 使用一个主要的控制器，主控制器提供接口用来从 Z-Wave 网络中添加或者移除设备。用户可以在一个特定版本的 HALultra 系统中设定接口控制器，然后自由地添加或者删除设备。与 HALultra 系统通过串行接口相连的 VRCOP-1LW Z-Wave 必须作为网络中的二级控制器，它可以被设定用于控制 Z-Wave 设备。

　　如果用户将 Z-Wave 通过 USB 插入到一台计算机的话，它也许不能自动安装驱动程序。第一个问题是，并不是所有的插入即可安装的 Z-Wave 设备驱动程序都会顺利地自动载入安装，如图 11.10 所示。如果发生这种情况不要慌张，它只意味着你必须从生产商提供的光盘上或者网页上自己来安装驱动程序。

　　在安装原形 Z-Wave 网络时，将之前展示的 Leviton Z-Wave USB 数据线插入到笔记本电脑上。之后用户需要从 Leviton 网站上下载 Vizia RF 安装工具包的相应驱动软件，并将

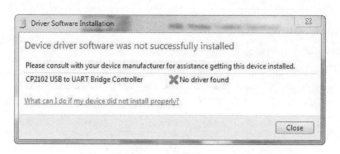

图 11.10　即插即用的设备并没有被 Windows 正确载入识别

其注册到所使用的操作系统上。在网页的底部可以看到一个标示为 RF Installer Tool Updates 的链接，单击该链接就会导入下载的页面。由于需要主控制器与二级协同控制器的共同工作，本书选择将 Vizia 工具包安装在一个笔记本电脑上或者一台加载 HALultra 平台之外的计算机上。如果用户没有多余的笔记本电脑可以使用，AEON 实验室提供一种基于电池的 USB 记忆棒。它可以在没有计算机的情况下工作。用户只需要在附近要添加的控制模块处于开启状态下点击记忆棒上面的按钮即可。

　　确保已经准备好 Vizia USB 记忆棒 \ RF 安装工具以及附近的控制设备，在 Vizia 工具中按下添加设备按钮并在同时开启待添加的设备。比如说，在添加 Intermatic Model HAO5 Screw-in 灯控模块时，如图 11.11 所示按住编程按钮来将其注册为网络的一个结点。如果设备与插入 USB 棒的计算机足够近的话，那么它将会被安装工具所识别，并且弹出一个窗口显示该新添加结点的相关信息（包括结点号和型号等）。在窗口中有一文本输入框可以允许用户修改默认分配的设备名，在输入想要的设备昵称后，单击确定按钮将该设备保存到网络设置中。对所有待添加的 Z-Wave 设备重复之前的步骤将它们加入到网络中。

图 11.11　连续按两次灯控模块上的按钮进入编成模式

　　需要加入 Z-Wave 网络的最后一个设备就是 HAL 用于控制网络上其他设备的部分。它必须是该网络的一部分以控制其他设备结点。将 Leviton 的串行接口接到计算机的 COM 接口上，按住设备模块前面的按钮直到指示灯从闪烁的绿灯到稳定的绿灯。同时单击 RF 安装工具中的加入设备按钮。当控制器被成功加入到网络中之后，在安装工具窗口中会弹出一个提示窗口，说明给定结点号的 Vizia RF RS-232 接口已经被成功地加入到了网络。在该窗口中还有一个文本输入框来修改默认给定的设备名。

　　在设定好了所有要加入 Z-Wave 网络的 Z-Wave 设备之后，将该网络保存到笔记本电脑或者是其他计算机的硬盘中。与大多数 Windows 存储文件的方法相同，在应用的左上角处单击文件然后保存。在 Windows 中会自动生成一个由随机数和 .vrf 后缀组成的文件名。最好将该文件保存并且在硬盘或者移动存储设备中保存一个副本，以用来将来恢复网络或者添加新设备。在保存好网络设置文件之后，不要关闭，单击左侧的 All Devices 按钮，然后打开安装工具。在面板中间的位置单击获取网络信息按钮。用户之前设定的设备结点数目和它们位置的名称会显示出来。这些信息将会在之后 HAL 系统的设定中被使用。为方便起见，可以将所有设备的信息复制到一个文本文件中。每一个设备都可以在设定窗口中选中并且通过屏幕上的开关按钮对其进行测试。

在之后的设定过程中，HAL 会作为主控制器的协同控制器对网络上的设备结点进行控制，这样控制权就会转移到 HAL 系统上。如果使用的是 Leviton 的产品，要记住将 Leviton RF 安装工具包同样要安装到 HAL 系统的计算机上，以确保 Vizia 产品的 Windows 驱动可以正确的载入。

在 Z-Wave 网络被成功设定并且经充分测试之后，下一步需要对 Leviton VRCOP-1LW Vizia RF + Plug-In Serial Interface Module RS232 ASCII 接口进行设置，以确保它可以与 HAL 系统一起工作。如图 11.12 所示，在 HAL 系统设置向导的自定义设置中勾选 Z-Wave 的选项。

按照向导的步骤进行，最后单击 Finish 按钮并登录 HAL 服务器。

通过 Listening Ear 来展示 HAL 的菜单并选择开放系统设定选项。将设定列表拉到底部选择 Z-Wave，单击设定按钮弹出如图 11.13 所展示的窗口。只有当 LevitonVizia 相关软件被正确安装到计算机上之后，Leviton Vizia RF 才会被显示成一个可行的选项。注意不要和其他设备的 COM 接口号相冲突，每个基于串口的设备必须被分配一个独一无二的接口号。如果不能自动检测到设备接口，那么则需要输入所连接的 COM 接口号。

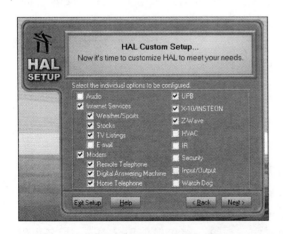

图 11.12　在自定义设置中勾选 Z-Wave 选项

图 11.13　选择接口类型和 COM 接口

在选择完设备之后，如果使用的是 Leviton 接口的话，则单击应用按钮并稍做等待。

完成之后，关闭其余所有的窗口，然后关闭并重新启动 HAL 服务器。在开启的过程中，注意读取输出的信息是否成功地初始化了 Z-Wave 模块。接下来的 Z-Wave 设定要稍微更复杂一些。在作为主控制器的计算机上，设定相应的软件将该网络的控制权转移到从控制器上。在将 Leviton VRCOP-1LW Vizia RF + Plug-In Serial Interface Module RS232 ASCII 接口与 HAL 系统相连并注册之后，下一步骤就是打开 .vrf 文件来在笔记本电脑上创建 Z-Wave 网络，并将该插有 USB 棒的笔记本电脑移到安装了 HAL 系统计算机的附近。

注　意

关于控制器的说明。不管你使用什么品牌的接口控制器，将有一个"发送"模式信息到二级控制器。尽管本书推荐使用 Leviton 的产品，其他中小厂商的控制器也需要类似的步骤。

在将笔记本计算机移到 HAL 计算机附近并且将 .vrf 文件载入到安装工具后，下一步就要按住在 Leviton VRCOP-1LW 串行接口背面的按钮直到背面的闪烁绿色指示灯变为稳定的绿色为止。绿色的指示灯意味着该设备当前处于监听状态并且随时准备获取网络的控制权。在 Vizia RF + 安装工具应用中，选择 VR Remote 来打开下拉菜单并且选择转移主控制权一项。然后等待几分钟直到安装工具的窗口中显示转移主控制权成功。现在 VRCOP-1LW 可以控制所有网络中所有已经输入 HAL 的设备。

接下来需要把设备加入到 HALultra 系统中。

在服务器启动之后，进入自动设定窗口来添加你的 Z-Wave 设备，如图 11.14 所示。之前记录的节点序号在设定窗口中变为节点地址。

在 HALultra 中添加一个新的设备的过程与添加一个之前讨论的基于其他协议的设备相同。在 HALultra 自动设定窗口中，单击添加。在设备安装向导中选择一个合适的设备类型，然后单击 Next 按钮以输入设备的相关信息或者直接从下拉菜单中选择出现的设备。比如说，在单击 Next 按钮之前办公室中的灯在下拉菜单中被选中，从下拉列表中直接填入设备和位置的相关信息，或者从下拉列表中选择。以办公室的灯光系统为例，假设它们在单击 Next 按钮之前被选中的话，一直单击直到在下拉菜单中可以选取型号为 HAO5 的室外灯。下一步需要设定输出的通信中转。在我们的例子中，节点 3 被输入，如图 11.15 所示。

如图 11.16 所示的窗口可以允许设置渐进变暗的功能，如果你的设备支持这种功能的话可以通过开启关闭按钮进行测试，测试结束后单击 Next 按钮。

如图 11.17 所示，自动设定窗口显示了由 HALultra 系统控制的办公室灯光和图书馆灯光，它们现在可以直接由 HALultra 系统或者是语音指令进行控制。设定 Z-Wave 设备的过程要比一般的设备复杂，但是仍然在可以自己动手完成的范围内。HALultra 系统可以按照控制其他设备的方式控制 Z-Wave 设备。总而言之，在第一次接触使用 Z-Wave 设备可能需要更多的时间，也可能会犯更多的错误。但是一切都很值得，因为这是一种非常可靠的控制协议，并且基于它的产品也都非常成熟。

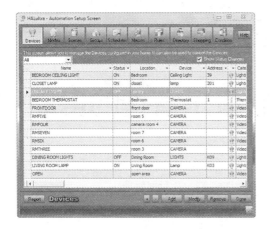

图 11.14　Z-Wave 灯控模块

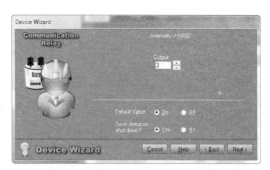

图 11.15　在安装工具的原始网络设定中的节点序号

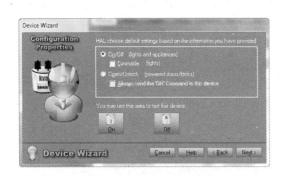

图 11.16　自主调光功能设置

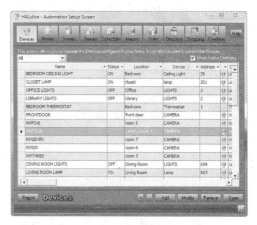

图 11.17　输入的设备准备就绪

第12章

项目9，家居娱乐中心音乐管理的自动化

至今为止，通过一个电子设备来控制所有的计算、通信、读书、教育、游戏以及娱乐等所有的智能家居需求的技术还并不成熟。对于现在来说的技术挑战是如何更好地利用这些电子设备，这意味着将它们所能提供的功能最大化同时将使用它们的时间最小化。本章将介绍如何为 HALultra 添加 HALDMC 插件。通过这个插件，用户可以用一个语音指令就使音乐充满到家中所有的角落，当你使用它时你会发现其优点是显而易见的。

12.1 家居电子设备的不断变化

对于许多现代的房子来说，说其充满电子设备并不夸张。技术上的进步已经极大地改善了我们生活、工作和娱乐的方式。智能家居系统也具有改变用户娱乐方式的潜力，正如同它改善一些其他家居任务一样。使用 HALultra 和 DMC 插件可以非常简单地管理和播放用户想要的音乐，比如设定通过语音控制的播放列表。传统的通过文字控制的播放列表使用户必须经常耗费大量时间去编辑和管理它。HALultra 和 DMC 使用户可以通过语音实时的创建播放列表，通过语音指令控制音量或者跳过一些歌曲。HALultra 系统并不能保证消除所有使用电子设备的难题，但是它确实可以让你更轻松愉快地在家享受音乐，甚至使许多已经放入废物间的音乐播放设备重新派上用场。

HALDMC 可以集成到 HALbasic，HALdelux 或者 HALultra 系统中。将 HALDMC 和 HALultra 共同使用可以使其支持 HAL 的逻辑。所以说，可以将家居模式与特定的播放列表相关联。用户必须在计算机中安装以下的产品才能加载使用 DMC。现在的价格是 49 美元并且只能从网上下载。按照 HAL 软件网站上的指导并且参考第 9 章中的教学来安装下载的软件。在你从网站上购买完之后，DMC 的序号码会通过邮件发送给你，一般需要两个工作日的时间。

> DMC 软件预算为：49 美元。
>
> 总计为：2182 美元。

12.1.1　播放设备的选择

在安装好 HALultra/DMC 系统之后，下一步只需要选择好的音响。一般计算机中的声卡至少有 3 个输入输出接口。一个接口是用于麦克风，另一个接口用于连接输出耳机或者音响系统，另一个接口用于输出数字音频信号到音频处理器。尽管大多数计算机都会包含一套基础的音响系统包括一个左声道、右声道以及一个低音炮（2.1 stereo 系统），一些高端的声卡可以支持环绕声系统包括最多 7 个音响和一个低音炮。Logitech，Altec Lansing 和 Creative Labs 都提供价格在 50 美元和 250 美元之间的计算机音响系统。如果你的声卡有数字输出接口，那么可以考虑将它连接到已有的语音处理器上来平衡已有的电子设备。

对于一个设计合理并与 HALultra 管理控制相协调的系统，用户的音乐可以被传送到任意的一个房间，选中的几个房间或者房子中任意的生活空间。这样的系统现在已经不再遥不可及，只需要更多的钱、时间以及零件即可实现。在用户可以熟练地将音乐插入到智能家居平台之后，开始尝试将这个项目加入到列表中。对于一个给新手的介绍性的教学项目，本书选用一个简单的 2.1 语音系统，只需要大概 64 美元。

> 语音系统预算为：64 美元。
> 总计为：2246 美元。

12.1.2　数字语音播放系统的品质

对于一个新手来说，一些数字音乐文件的基础知识是必要的。首先，通过数字音乐文件播放的语音不可能与真人的嗓音或者乐器的声音完全一致。早期流行于将声音的模拟信号存储在磁带或者黑胶唱片上进行播放，这种方式有质量方面上的缺陷。数字声音信号的播放质量很好并且非常可靠，存储在 CD 上的数字声音信号提供了非常流畅的播放质量。这已经很好地满足了普通消费者购买享受的所有要求。

1. 数字音乐文件格式

存储在 CD 上的数字声音信号包含一些不同的格式。对于 HALultra 和 HALDMC 的用户来说，一定要熟悉几种流行的数字音乐文件格式。因为 HALDMC 只支持 MP3 和 WMA 文件类型，所以用户一定要知道如何通过 HALDMC 自带的功能或者第三方软件将其他格式的数字音频文件转换成支持的两种文件类型。所有的数字音频文件大概可以分成两种类型：一种是已经存储在智能家居系统中控计算机上或者连接的外界硬盘上；另一种是仍然存储在 CD 或者其他音乐媒介上或者需要从网络上下载。用户所需要做的第一个工作就是将想要的数字音乐文件载入到 HALultra 中控系统的计算机上或者相连接的硬盘上，并且保证文件已经被转换成支持的两种类型。接下来只需要将它们载入到 HALDMC 中就可以了。

对于商用的音频 CD，如果在 Windows 中打开一个 CD 音乐文件，你会看到文件格式以 .cda 作为后缀。文件的全名是 TRACK01.cda，大概只有 1KB 大小。将这些文件复制到计算机上并不能正确地用于播放。原因是这些 .cda 文件并没有存储音乐的内容，它只是一个索引告诉计算机从哪里可以在 CD 上找到实际的音乐内容。流行的 CD 压缩碟片格式是双通道，采样深度 16bit，采样频率 44100Hz，这限制了重建数字音乐文件的频率为 22000Hz。这已经很好地满足了人类的听觉范围 40~20000Hz。

2. 将音乐声音文件复制到硬盘上

将文件载入到计算机的硬盘上需要一个能管理、复制以及转换文件类型的应用程序。好消息是 HALDMC 有内建的模块。

当你用普通的应用程序将商用 CD 上的音频复制到计算机中时，比如说已经安装在本书原型计算机上的 ROXIO MEDIA，它将自动将音频文件转换成 .wav 格式然后存储在硬盘上。对于一个 2min59s 的音频文件大约需要 30.1MB 的存储空间。WAV 文件并不是 HALultra 或者 HALDMC 上可以直接支持的文件。如果你想要在 HALDMC 中播放 WAV 文件时，HALDMC 会自动将它转换成 MP3 或者 WMA 文件。

如果使用 HALDMC 内建的复制到硬盘的功能的话，相同的歌曲文件将被转换为 WMA 压缩文件模式然后自动存储到制定的计算机硬盘或者网络连接的硬盘上，只需要最多 2.07MB 的硬盘空间。这种格式支持双通道采集并且采集频率可以高达 48kHz。重建的数字音频文件频率上限可以达到 24kHz。这种格式可以让你存储更多的音频文件在有限的空间内。

HALDMC 也支持 MP3 格式的音频文件。它也可以支持高达 24kHz 的重建音频频率上限。不同生产商的便携音乐播放器都支持 MP3 格式。使用 MP3 格式可以让用户很轻松地将 HALDMC 中的音乐播放列表载入到 MP3 播放器中。在用户复制已有的音频文件到 HALULDRA 智能家居系统主控计算机的音乐文件夹中时，要注意这些音频文件是什么格式的。现在还存在许多其他格式的音频，但大多数都可以通过内建的转换功能转换成所支持的两种模式。如果你的智能家居中控计算机中已有一些基于 MP3 或者 WMA 格式的音频文件，HALDMC 的初始化扫描会自动将它们载入到制定的音乐文件夹中。基于其他格式的音频文件不会在扫描的范围内。如果用户通过光驱扫描 CD 的话，那基于 CD 格式的文件会被自动转换成 WMA 文件并存储到指定目标文件夹中。

在开始之前，应先检查插入 CD 之后发生了什么。

在 Windows 系统中，用户可以修改自动播放的相关设定，它决定了在插入 CD 之后 Windows 如何动作。为了更好地将音频文件复制到计算机上，首先检查自动播放相关设定的默认选项。把 CD 插入到光驱中，单击桌面上我的电脑图标，右键单击光驱图标，选择自动播放一项后可以看到如图 12.1 所示菜单，用户可

**图 12.1 许多计算机设定
自动播放插入的 CD**

以看到 Windows 音乐播放器自动播放的步骤。

　　对于使用 HALDMC 来说，最好的选项是将载入选项选择为每次都询问。如果 HALultra 服务器以及 HALDMC 在运行并且用户插入了一张 CD 到光驱中，可以设定 HALDMC 准备好复制所有轨道或者选择的轨道到制定的音乐库中。在如图 12.1 所示的窗口中，在底部可以看到更多自动播放选项的连接，单击该链接会弹出如图 12.2 所示的窗口，当插入一张碟片后，每一个媒体类型根据内容或者碟片类型都可以绑定一个默认的自动播放设定。图 12.2 还展示了一些下拉菜单选项来为每一种媒体类型进行设定。暂时将它们都设置为每次询问。向下滚动可以看到所有媒体类型。

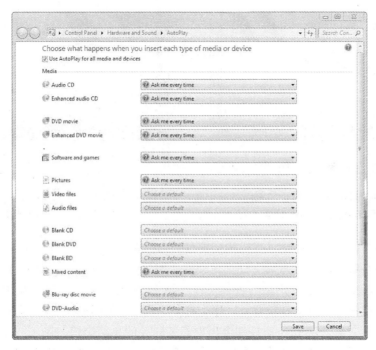

图 12.2　为所有媒体类型设定默认动作

　　当将所有的类型设为想要的默认动作后，单击底部的 Save 按钮。

12.1.3　HALDMC 的下载与安装

　　HALDMC 以及 HALDVC 都可以选择性地安装到 HAL 软件的所有版本中，包括基本版、豪华版和特别版。在用户付款之后，会收到相应的邮件来指导他们通过 HAL 许可管理器 刷新他们的 HAL 软件授权以使用 HALDMC 和 HALDVC 产品。

12.1.4　设定 HALDMC

　　打开 HAL DMC 将出现如图 12.3 所示的窗口。认真阅读出现的消息后，单击位于底部的 Next 按钮。

在当前阶段，用户可以选择让 HALDMC 扫描整个硬盘或者仅扫描选中的文件夹，如图 12.4 所示。

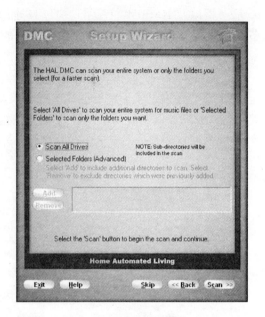

图 12.3　设定弹出的第一个窗口　　　图 12.4　扫描整个硬盘会找到所有的 WMA 和
显示 DMC 所支持的功能　　　　　　　MP3 音频文件以添加到播放库中

本书在原型计算机上选择了扫描整个硬盘的选项来找出所有可以使用的音乐或者音频文件。从这一步载入的所有音频文件都可以在 HALDMC 的相关应用中进行控制。然而这也会找到很多其他应用程序相关的音频文件。图 12.5 展示了在扫描过程中出现的窗口。如果硬盘上有大量的音频文件被载入，那么将会花费很长的时间。

在扫描结束之后，单击 Next 按钮会出现安装向导的总结窗口。图 12.6 为硬盘搜索的分类报告，展示了所有被找到并分类的音乐、声音以及歌曲文件。应用会根据跟去的信息进行分类，包括作者、专辑和流派。单击 Next 按钮将出现图 12.7，指导用户选择存储音频文件的目标地址。

本书建议使用 Windows 默认的音乐文件夹。使用 Windows 默认的设定可以简化备份，组织以及你或者其他应用查找的过程。

在选择好地址之后单击 Next 按钮，则会出现如图 12.8 所示的最终窗口。这个窗口中最关键的建议就是学习语音控制 HALDMC 的语法。使用该软件的一个最主要的原因就是音乐播放的语音控制。仔细阅读窗口中的信息，单击 Finish 按钮关闭安装向导并记住其中的建议。

如同其他项目一样，关闭 HAL 服务器并重新启动计算机。

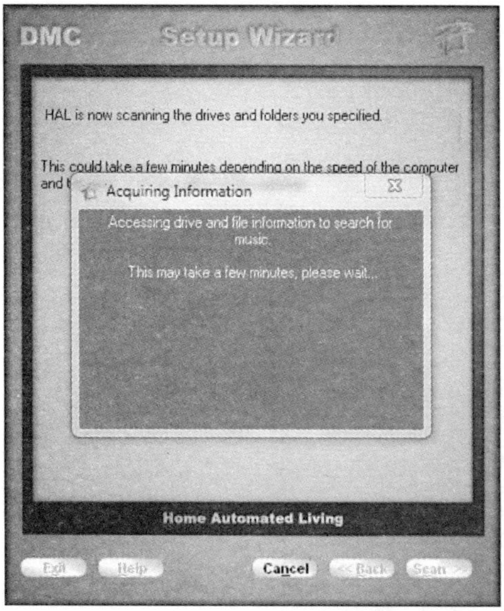

图 12.5 扫描开始出现的窗口

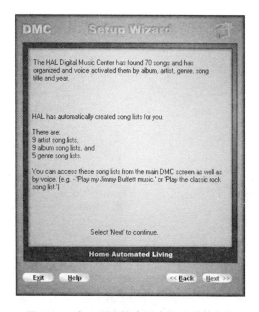

图 12.6 窗口显示搜索到音频文件的数量
以及分类后各个类别的数量

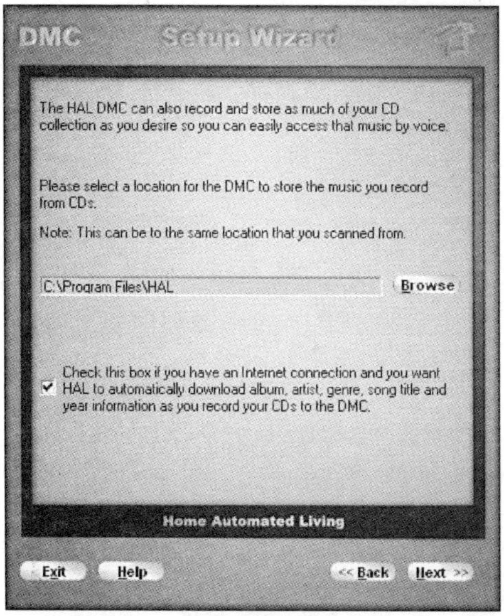

图 12.7 Windows 默认设置路径，不建议选择
Program Files 文件夹作为存储用户数据的地址

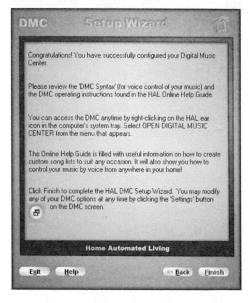

图 12.8 阅读建议窗口中内容然后
单击 Finish 关闭安装向导

12.2 HALDMC 的使用

用户可以通过右键单击耳朵图标在弹出的菜单中打开 HALDMC。当用户在扫描完硬盘后第一次开启 DMC 时，会出现如图 12.9 所示的歌曲列表。在这种搜索整个硬盘而并非特定位置的情况下，标记为语言轨道项代表了在计算机硬盘上找到的随机声音文件。

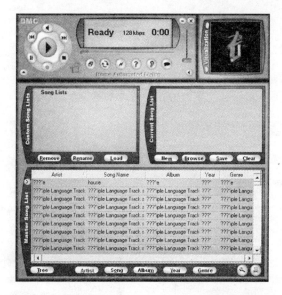

图 12.9　硬盘扫描结果会被载入到窗口歌曲列表中

如果还没有把所有的音乐进行数字化，下一步需要将 CD 上的音乐歌曲复制到 HAL 的音乐库中。当 HALDMC 被正确的配置安装并且 HALultra 服务器正常运行时，将音乐 CD 插入到计算机光驱中。即使 HALDMC 没有运行的情况下，插入 CD 会弹出如图 12.10 所示的窗口。在 CD 播放器窗口前面的对话框表示不能找到关于歌曲的作者和题目的相关信息。如果弹出该对话框，只需要单击确定关闭该对话框。

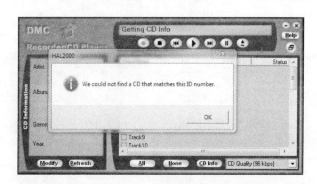

图 12.10　动作列表中的自动记录/CD 播放功能

将 CD 上的所有轨加入到 HALDMC 音乐库中。图 12.11 展示了一个 CD 的所有轨都被选中并且已经做好了复制的准备。单击红色的记录按钮来采集 CD 内容到 HAL 库中。当 HAL 记录 CD 轨时，红色的记录按钮将变为蓝色表示 HALDMC 正在记录。

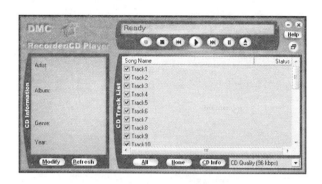

图 12.11　所有轨道都标记为传输

图 12.12 展示了一张已经识别并且所有轨都被标记准备好开始复制的 CD。这些识别信息可以在之后进行使用，比如用 Glenn Miler 播放乐曲。

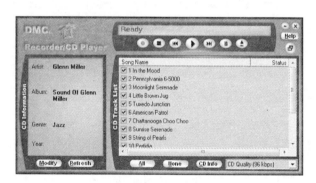

图 12.12　CD 上的所有轨的识别信息包括作者、专辑、流派以及歌曲名称

随着 CD 上的轨被复制，每条轨的状态栏会从复制百分比转换到处理中到保存到完成状态。在所有轨都被转换复制完成后，DMC 将展示新转换的音乐被添加到歌曲列表中，如图 12.13 所示。

在载入了一些歌曲之后，用户可以开始创建想要的播放列表。歌曲可以被拖拽到播放窗口并用一个播放列表名进行标识。在这种情况下，显示如图 12.14 所示的"… Motivational Plays of the Day，"练习建立一个或者两个音乐播放列表，不要建立太多直到已经学会 DMC 声控指令的相关内容。HALDMC 声控指令可以非常方便地进行播放列表的控制，这非常有趣甚至可以完全放弃播放列表，如本书所做的那样。

图 12.15 展示了 HALDMC 识别并载入一些 CD 后的主歌曲列表。注意主歌曲列表是按照艺术家的名称进行排列的。

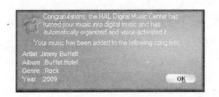 

图 12.13　CD 的所有音乐轨被成功添加　　　图 12.14　输入播放列表名称

　　图 12.16 展示两个歌曲列表以及一个扩展的 JIMMY BUFFET 歌曲列表。如果想要播放一个用户自己设定的歌曲列表，可将该列表拖放到现在的歌曲列表面板上然后单击播放按钮即可。

图 12.15　注意艺术家的名字和歌曲　　　图 12.16　窗口的拖放功能大大简化了
　　　　　　的数目被显示出来　　　　　　　　　　　　向歌曲列表添加歌曲的过程

12.3　通过 DMC 使用语音控制指令

　　当使用 DMC 的语音控制指令时，它的所有功能才会被显示出来。这种强力的功能很难在书中展示，所以说为了展示的目的，这里记录了与 HALultra 控制系统 PIPPA 的一段对话。用户也可以使用同样的对话来进行相关的测试。本书使用了 HALultra，HAL 300 型语音门户、一个内置的麦克风、一套与声卡模拟口相连的 2.1 音响系统。

　　DMC 语音控制测试

　　这里展示了控制名为 PIPPA 的 HALultra 以及 HAL 声控接口播放一首歌曲的语音指令（默认的名称是 COMPUTER，但是用户可以为其系统改为任意喜欢的名字）。

　　可以接起任何 HAL 的扩展语音输入麦克风，输入用户设定的密码，比如说在这种情况下是 EXAMPLE 6 如果是这么设定，然后等待 1~2s。

　　PIPPA：您需要什么帮助？

你：打开音乐。

PIPPA：正在打开歌曲。

你：播放某某艺术家的歌曲（为了保持一致，这里仍然使用 JIMMY BUFFER 的歌曲列表）。

然后选中艺术家的歌曲会开始播放。

挂断电话。

当歌曲被播放时，DMC 会如图 12.17 所示。用户的语音指令将 JIMMY BUFFET 的所有歌曲载入到列表中并一个接一个的播放它们。

在播放了一些音乐之后，使用电话输入你的内置访问密码，然后说出系统的别名（默认是计算机，在本例中仍然使用 PIPPA）。

PIPPA：您需要什么帮助？

你：停止播放音乐。

PIPPA：已经停止音乐播放。

测试完成。

由以上例子进行扩展，用户可以通过播放指令来播放任意艺术家的或者任意类别的已经载入到 HAL 音乐库中的歌曲。可以通过流派、时间、专辑或者艺术家进行选择。

另一个有趣的功能是，DMC 可以以视频的模式播放音频的波形图。如图 12.17 所示开启这个功能，注意在 DMC 右上角有视频通话窗口。在播放音乐的时候单击这个屏幕，计算机屏幕会显示一个视频化的音频波形如图 12.18 所示。单击屏幕上的任意区域可以返回控制界面。在视频化边上的按钮也可以用于找到并显示专辑名称。

图 12.17　语音指令开始播放选中的列表

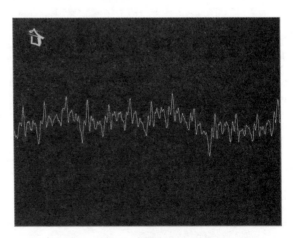

图 12.18　每一个歌曲视频化后都不同

HALDMC 还可以做很多其他的事情：可以使用定时功能在早晨播放音乐唤醒用户，可以将音乐列表与特定的房间模式相关联，可以在喜欢的时间段内通过语音来播放歌曲。越熟练地使用该产品就可以发现更多的潜力。无论作为一个习惯或者从它带来的便利性来说，通过语音控制播放列表真是太酷了。

第13章

项目10，通过Internet使用智能家居平台

即使不把控制平台连接至 Internet，你也可以使用基于计算机的智能家居功能，并从中受益。不过，常规的 POTS 线路和电话服务可以对 HAL 服务器拓展出极有价值的功能，让服务延伸到任何你可以向家中拨打电话的地方。进一步扩展 HAL 服务器，使其可以通过 Internet 使用或被使用，就使得对于自动化系统的总投资更具价值。HAL 可以通过编程来替你从 Internet 上采集数据。例如股票指数、天气状况和新闻等信息，它都可以例行地替你进行收集。之后这些数据可以通过宏指令或者规则进行处理并转为行动，比如用电子邮件通知你股价到达某一位置。而反过来，Internet 也可以用来进行对家居设备的接入控制，并收集房屋内的监控信息，推送到你的智能手机、平板电脑或办公室计算机上。

如果你的智能家居平台没有连接到 Internet，使用这些功能前必须联网。如果你已经接入 Internet，那么你可能得做点设置或者调整，才能通过 Internet 来完全利用 HAL 软件的功能。你可能还得测量你的网速，确保 HAL 拥有足够的带宽。要测试已有网络的带宽，可以使用网页测速工具。测试会显示出你的下载和上传速度。要比较顺畅地使用 HAL 的 Internet 功能，最好有 1500kbit/s 的下行带宽和 1500kbit/s 的上行带宽。不过，上下行的带宽越高越好。通过 Internet 控制 HAL 所需的数据带宽极小，不过高速网络可以增进效率。

13.1　为 HALultra 准备 Internet/内联网连接

由于设备从你的家居或小型办公室网络连接到 Internet 采用的是默认安全设置，不太可能直接允许 HAL HomeNet 的网页广播到 Internet 上，除非对其进行一些小修改。下一小节将会阐述一些可能会用得上的通用调节方法。由于设备的不同，设置之后的默认设置设定的不同，Internet 服务提供商的不同以及其默认设置和安全策略的不同，我们无法提供一份在任何情况下都可以适用的设置指导。

13.1.1　Internet 服务

无论你家的 Internet 服务是通过何种方式提供的，都需要对默认设置进行一些调整，

以便于与 HAL 进行双向通信。如果您的 HAL 计算机已经连接到了 Internet，并可以在上面使用网页浏览器，那么 HAL 就可以单向地从 Internet 上获取信息，除非你的安全防护软件被设定为阻拦此类通信。从典型的默认设置上看，自外向内的通信会在路由器或者防火墙处被拦截。这里通常就是要让 HAL 从 Internet 上的某个设备接收指令时所需要进行调整的区域。下几小节会以概述的形式说明进行双向通信所需要采取的行动。

设置和调整调制解调器、路由器、防火墙和交换机

无论 Internet 连接是怎么接入你家的，都一定会存在一个设备在网络接口处对用于远程通信的 TCP/IP 以太网协议进行解码，这个设备就是调制解调器。这一系列链式串联设备中的第二个就是路由器。路由器的第一项功能是进行网络地址的转译，将 Internet 上公开可见的 IP 地址和你的网络中的私有 IP 地址相互转换。路由器的第二项重要功能是提供动态主机控制协议（DHCP），它可以为内网的计算机、服务器、笔记本电脑和其他设备随机分配一个私有 IP 地址（192. x. x. x）。链条中第三个设备或者功能，就是防火墙。防火墙用来规定你的家居和 Internet 之间有哪些数据流量可以进行双向传输。你可以把它想象成交通警察。第四个设备为交换机，它可以提供 1 个以上的以太网接口，用于连接你的计算机和其他的 IP 设备。通常来说，这些功能会被整合在一个盒子或壳子内。常见的安装形式就是一个调制解调器盒子，外加一个路由器盒子，后者整合了路由器、防火墙和交换机的功能，并自带一定数量的自带网络接口。

因为可以选择的设备太多，所以请按照设备制造商的说明书，进行本章所说的改动。

在理想的家居控制环境下，你的 Internet 服务提供商会为路由器提供一个或一个以上的 Internet 上可见的静态（即不会变动的）IPv4 网络地址。拥有静态 IP 地址有利于每次以相同的方式连接至你家的路由器或防火墙。打个比方，就像是每次都拨打一个相同的电话号码。如果 Internet 服务提供商没有分配静态 IP 地址给你，那么还有一些迂回的方法可以用于访问。没有静态 IP 的迂回方法之一，就是使用 http：//www. noip. com/提供的服务。他们既提供免费服务也提供付费服务，可以解决路由器分配到的是动态（会改变的）IP 的问题。花一些时间，必要的话包括花费一些金钱，来获得属于静态 IP 是很有价值的。可能的话，你可以改用另一家在宽带套餐里包括静态 IP 的网络提供商。例如，作为参照，AT&T（在他们提供 DSL 宽带接入的服务区内）提供下行 6Mbit/s 的宽带套餐，价格大约是 35 美元一个月，如果要静态 IP 地址的话，每月额外收费 15 美元。

要从防火墙之外访问 HAL HomeNet，至少需要对 HAL HomeNet 服务器所使用的接口号允许接口转发。默认接口是 80 号接口。无论接口号是多少，防火墙或路由器设置都需要改成允许在 80 接口与 Internet 进行数据交换，或者在另一个接口允许这样做，比如 8008 接口上。当你拥有 ISP 提供的、在 Internet 上可见的静态 IP 地址时，你可以把该可见的 IP 地址映射到你的防火墙内部的 HAL 服务器所使用的私有 IP 地址上。当 Internet 服务的路由器、防火墙或交换机使用默认设定时，你的计算机会在第一次连接到路由器时得到一个由 DHCP 提供的 IP 地址。随着时间推移，该内部 IP 地址可能会改变，故术语称其为"动态"

IP。当你使用一台有 HAL 并连接至 Internet 的计算机时，尽管它是一个私有内部地址，也最好把你位于内网的网卡设定为固定（静态）IP 地址。路由器的设定通常允许映射这种关系，或者是允许保留一个地址区间，用来为计算机设备硬性指派地址。如前述，设置界面会因产品的不同而不同，不过你还是能在设置中的某个地方找到对应的功能，进行这些有益而且必要的调整。

在你的 Internet 防火墙或路由器设备已经设定妥当，允许接口转发，而且已经把 HomeNet 服务器的 IP 地址做好了映射，就已经准备就绪，可以让 HAL 经过 Internet 与你联络了。

另一个需要注意的细节就是，计算机上的防护软件。操作系统的防火墙，或者是第三方的防火墙软件设置，可能会阻拦 HAL HomeNet 运行所必需的连接类型和接口。

13.1.2 设置 HomeNet 服务器

HAL 的内置的 HomeNet 服务器功能与 Internet 服务功能结合到一起，可以使得曾几何时还显得具有未来科技感的智能家居功能得以实现。例如，你可以远在 100mile 以外，从智能手机上看到一张于数分钟前摁响了你家门铃的人的快照——这种能力足以让任何人惊叹。HomeNet 服务器极为强大，却又足够简单，你一定愿意把它用作你家的自动化解决方案。大部分困难的工作已经被解决并集成到了服务器内，而使用服务器的学习曲线相较之下则很轻松。下一步，就是启用 HomeNet 服务器，并收集与它相关的信息。

1. 启用 HomeNet 网络服务器

若你的计算机已经通过家居网络连上了 Internet，那么设置 HomeNet 服务器就极为简单。

首先，确保 HAL 服务器已经在用于自动化的计算机上运行着。HAL 监听耳朵的图标应该会显示在系统托盘内。要在 HAL 内设置 HAL HomeNet，用鼠标右键单击系统托盘内的监听耳朵图标，选择 Open System Settings 选项，如图 13.1 所示。

System Settings 窗口如图 13.2 所示。在本章中，我们主要考虑 HomeNet 设置；Internet 设置则在第 14 章中讲述。HomeNet 就是 HAL 将智能家居界面向你家的内部网络和外部的 Internet 呈现的方式。

在选择了 System Settings 菜单中的 HomeNet 项目之后，会看到如图 13.3 所示的窗口。该窗口仅在第一次选择 HomeNet 时才会出现。要启用 HomeNet 功能，应勾选 HomeNet Enabled 前面的方框。

单击图 13.4 中 Require a Password for remote access to HomeNet 前面的方框，即可开始为家居成员分配远程访问用的用户名和密码。我的习惯是先不设安全选项，把所有的项目都测试一遍，之后再加上密码和其他安全手段。在我第一次设置并开始使用新的应用程序时，我严重依赖于诺顿 360 软件保护我的系统。当我确认系统和功能正常工作之后，我再加上用户名和密码之类复杂的东西。

图 13.1 打开系统设置菜单项　　　　图 13.2 选择下拉菜单中的 HomeNet 项目

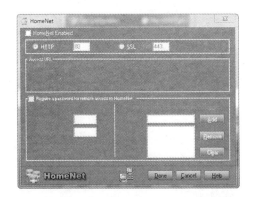

图 13.3 要启用 HomeNet 功能，勾选 "HomeNet　　　　图 13.4 本窗口内显示的是
Enabled" 前面的方框，以在下次 HAL 服务器　　　　　　HomeNet 的默认设置
重新启动时启用内建的 HAL 网络服务器

2. 登录至 HomeNet

HAL 服务器需要重新启动，也可以重启计算机来重新启动 HAL。如果 HAL 服务器没有设置成随计算机开机自行启动的话，则要手动重启 HAL 服务器。

从防火墙内部登录至 HomeNet 极为简单，只要启动网页浏览器，导航至个人 HomeNet 页面即可。使用带 IP 地址的网址 http://x.x.x.x/HALHomeNetPDA.html 可以打开一个字体更大的控制页面，其版式更紧凑，适合在智能手机和平板计算机上使用。

要在防火墙之外使用这些页面，需要先解决本章前面讨论到的接口转发问题。成功的关键在于，将图 13.4 所示的设置界面中显示的默认接口号（80）在你的防火墙或路由器中设为允许接口转发，或者选用另一个接口号，对于 HTTP 常用的接口是 80 和 8008。

如果你是严格在意安全的人，那么你会更愿意使用 SSL 设置；每个人都应该至少为从 Internet 访问 HomeNet 设置一个用户名和密码。你肯定不想让某个陌生人把家居的灯给关了，或者是偷看家居的安保摄像头画面。

13.1.3　在 Internet 上使用 HAL

HAL 通过上传下载数据在 Internet 上提供服务。把 HAL 用作你的个人助理的方法之一，就是让 HAL 定期地从 Internet 数据源处搜集数据。你可以把这个功能设想成派一位助手去图书馆搜集数据一样。如果你是个电视迷，务必记得把你最喜欢的 5 个电视台设定成可以用"今晚 7 点有什么节目？"这样的声控指令来控制。

搜集 Internet 上的数据

要使用 HAL 搜集数据，你的 HAL 计算机必须已经连接到 Internet。拨号上网也可以，但是不推荐这样做，因为拨号上网的速度太慢。要开始设置 HAL 服务器，请右键单击 HAL 监听耳朵的图标，选择 Open System Settings，然后向下滚动菜单，找到并选择 Internet。接下来会弹出图 13.5 所示的窗口。

勾选 Internet Enabled 前面的方框，然后单击图 13.6 中的 Connect 标签。在这个窗口内，可以选择服务器连接 Internet 收集信息、电子邮件、体育资讯和新闻的频率。图中设置的是每小时搜集一次信息，这样在信息及时程度和对带宽的利用上可以取得较好的平衡。第二项设置是在 Internet 连接不成功时重试连接的频率。

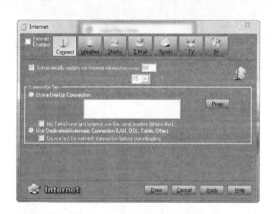

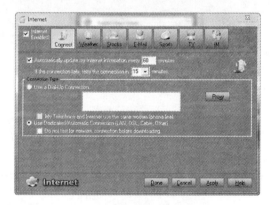

图 13.5　Internet 数据搜集功能的　　　　图 13.6　信息搜集时效性和重试
　　　窗口各标签页设置界面　　　　　　　　　次数设置界面

下一项要启用的功能就是天气信息。如图 13.7 所示，勾选 Weather Enabled 前面的方框，点选你所在国家前面的圆圈，之后在邮政编码框内输入邮政编码。当在各个标签页内完成输入数据之后，单击 Apply 按钮以保存设定。

我们暂且略过 Stocks 标签，前进到 E-Mail 标签，如图 13.8 所示。有两种电子邮件账户可选：联网和 POP3。雅虎邮箱和 Gmail 都是联网邮箱，也就是说在通过网络访问电子邮件时，所有的电子邮件信息都保存在电子邮件托管公司的服务器上，直到你删除它们或者采取方法把它们下载到计算机上为止。POP3 账号则通常由 Internet 服务提供商提供，它允许你把消息从该公司的服务器上下载至你的计算机。要让 HAL 替你下载电子邮件，必须拥有你的电子邮件账户的 POP3 服务器信息。如果你主要依赖联网邮箱，也可以升级服务至基于 POP3 的账户——通常手段是支付一次性的升级费用，或者支付按月签订的费用。在 E-Mail Server Settings 界面内输入你的 POP3 账户信息以及其他的身份验证信息。单击 Advanced 可以看到一些关于 HAL 如何处理电子邮件附件的附加选项，以及一些其他选项。

 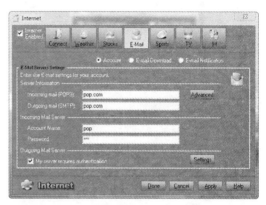

图 13.7 为你的所在地搜集天气情况
输入当地信息界面

图 13.8 Internet 服务提供商或者电子邮件
服务 POP3 邮件服务器信息输入界面

在如图 13.8 所示的窗口中，单击 E-mail Notification 按钮，将显示如图 13.9 所示的窗口。你可以设置 HAL 基于事件来向你发送电子邮件通知。HAL 使用你的 POP3 账户发送电子邮件给你或者给其他人。请注意图中第一个账户才是 HAL 用来发送电子邮件通知的账户，本例中为 myaccount@yahoo.com。列表里其他地址是接收通知的电子邮件地址。

电子邮件设置完成之后，现在可以返回到 Stocks 标签，输入让 HAL 监控的股票信息。你还可以设置 HAL 在股价波动超出选中区间时进行通知，如图 13.10 所示。要启用股票通知，请勾选 Notify Me When 前面的方框，并为每支想要监控的股票代码填写参数。

图 13.11 显示的是体育（Sports）标签。你若想追踪某支队伍，请勾选它们前面的方框。你还可以更改对队伍的语音称呼，比如，可以不用"Baltimore Orioles"（巴尔的摩金莺队），而是编辑队名的称呼为"Orioles"（金莺队），或者"O's"（O 队）。然后，在用语音操控 HAL 时，就可以使用为此队指定的称呼了。

图 13.12 所示的 TV 标签里，你可以从 Internet 获得电视节目表，并汇聚到一起查看。勾选你最喜欢的 5 个电视节目前的方框，设定 HAL 的语音控制。之后，你就可以在特定时间要求看已选择的电视节目了。

图 13.9 通知电子邮件地址输入界面

图 13.10 追踪股价信息输入界面

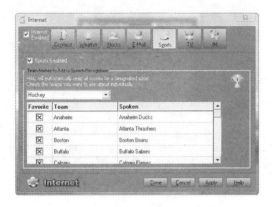

图 13.11 检查喜欢的队伍，
并从下拉菜单里选择运动

图 13.12 启用电视节目表，选择
你最想看的 5 个电视节目

如图 13.13 所示，在 IM 标签下，可以输入自己选用的即时通信软件的账号信息。这样不但可以在即时通信软件上接收 HAL 的通知，还可以通过即时通信软件下发指令。

在 Internet 上使用智能家居功能，正是整个智能家居产业所努力的方向。尽管很多次要的控制模型能提供一些相似的功能，但 HAL 利用现有通信技术手段的能力所及，不仅致力于，更在实践中成为一步到位的家居控制解决方案。利用个人计算机以及良好的 Internet 连接能让生活更加轻松美好，这就让 HAL 成为智能家居在今日乃至未来的首选。

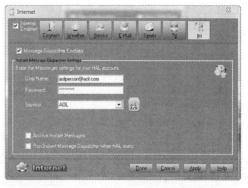

图 13.13 此处可以输入即时
通信软件账户信息

13.2　查看 HAL 收集的 Internet 数据

既然 HAL 已经连接到了 Internet，并且按一定的时间间隔收集数据，那么现在就来研究一下要怎么利用这些数据吧！本节讲述对于采集的数据的一些基本处理方法。

在前一节提到的每一个标签页，都是通过 HAL 监听右键单击，并选择 View Internet Information 后查看所访问的标签页。单击"监视"标签，打开如图 13.14 所示的窗口。这个窗口内会显示 HAL 按设置收集信息的成功和失败记录。

单击"股票"标签，打开如图 13.15 所示的窗口。请注意，福特汽车（Ford）的股价变动和百分比均会高亮显示。

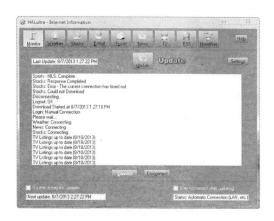

**图 13.14　查看收取信息的日志
记录的 Monitor 标签页**

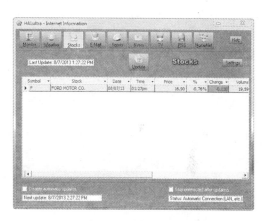

**图 13.15　股价监视和报告：可以给 HAL
编程，通过电子邮件通知股价变动**

图 13.16 显示的是 TV 标签，这个功能是我觉得非常有用的，因为上面有我想看的每个卫星电视频道按时间编排的节目表。在这里看节目表，比用卫星电视机顶盒看要方便快捷得多，因为后者一次只能展示几个频道的节目表。还可以使用 HAL 的语音识别界面，简单地问一句，"晚上 9 点，美国国家广播公司有什么节目？"

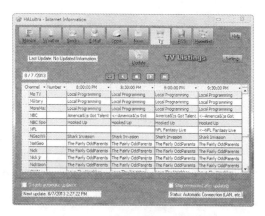

**图 13.16　通过 HAL 下载黄金
时段电视节目表**

最后几个例子可以让你了解这种信息收集可以怎样为你节省时间和精力。在系统设置完毕后，花点时间检阅一下 Internet Information 窗口内的每一个标签，看看里面你所选中需要下载的数据。然后再花一点时间看看或者回顾一下 HAL 脚本，里面有更多的例子告诉你如何通过语音指令把数据以声音的形式播报出来。

13.3 在网络上控制 HAL

在你的系统中设置好 HAL 的两个 Internet 组件，并没有费什么力气。到了这一步，我们要简单地研究一下如何让任意地点的 Internet 连接与 HAL HomeNet 协同工作。

在远程浏览器中输入你的 HAL HomeNet 服务器的域名或者网址，就会出现如图 13.17 所示的窗口。这就是摘要窗口，可以在此用 HAL 一览家中的情况。在这个例子中，既没有传感器事件也没有设备事件，看来今天的家里风平浪静。这个例子是在一台计算机上完成的；不过，基本上随便什么 Internet 浏览器都能显示出这个窗口，这就让各种各样能连接 Internet 的设备都能成为通过 Internet 监控 HAL 的解决方案。此外，也有专门的 App，可以在苹果公司的设备上使用，另有 Android 版本的正在开发之中。

图 13.18 所示的是选中 Device Control 后出现的界面。这里，你可以用按钮和下拉菜单发出改变的指令。比如，选择 Dim，就会弹出 Percentage of Dim 的下拉菜单。这个功能非常实用，因为无论是灯具、取暖器还是门锁，基本上只要将它们用接口连接到 HAL 上，并加装好控制模块，你就可以控制它们了。

图 13.17 使用 HomeNet 得到的 HALInternet 控制摘要页面

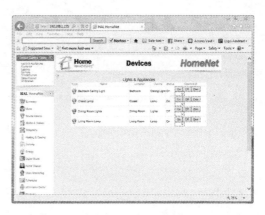

图 13.18 Device Control 界面（这是 HomeNet 众多控制界面之一）

从这几个例子可以看出，设置 HAL HomeNet 服务并使其可经过 Internet 访问，具有极大的潜力和价值。这个项目不需或者只需极少的开销，可能占用 1~2 个周末休息日，但它能带来众多好处，并在安装之后的长时间内产生价值。

第14章

用iOS和Android系统控制你的家居

在前一章里，我们使用了 HAL 的 HomeNet 功能，并启用了在 Internet 上控制 HAL 和家中设备的功能。当从 Internet 远程连接 HAL HomeNet 服务器时，你只需要在计算机上有一个网页浏览器即可。在本章中，我们将会解释如何使用 HAL 内置的 HALids（交互设备服务器）来从你家的局域网或 Internet 上连接并控制 HAL。交互设备服务器是一个设计用来与你的苹果公司设备或者 Android 智能手机或平板电脑对接的功能。

14.1 交互设备服务器应用程序

在我们的最终用户使用苹果或者 Android 智能手机或平板电脑与 HAL 的交互设备服务器进行交互时，可以安装两个应用程序（通称 App）来改善交互时的感受。智能手机和平板电脑的类别包括众多操作系统，例如 iOS、黑莓、Android，Windows 8，以及塞班系统。你的智能手机或平板电脑很可能正在运行以上数款操作系统之一。检查一下你的设备，或者咨询设备制造商，或者咨询电信运营商，来了解设备运行的是什么操作系统。iOSHALids 应用程序可以在 Apple Store 内下载，只需低廉的价格。Android 版应用程序对于拥有HALultra 软件的用户是免费的。

要使用 Android 应用，需要拥有 Android 智能手机或平板电脑；要使用 Apple iOS 应用，你需要拥有 iPhone、iPad 或 iPod Touch。目前我们不支持其他的移动操作系统，不过，永远都可以通过设备的网页浏览器连接到 HAL HomeNet。

14.1.1 Apple App

要了解 iPhone 上的 App 在与 HALids 服务器的交互过程中有何补充，请访问该 Apple iTunes Store 链接。

该 App 可以在 iPhone、iPod Touch 和 iPad 上运行，需要版本为 4.1 或以上的 iOS 系统。

14.1.2 Android App

Android HALids，即 HomeNet App，该应用程序在多数 Android 市场上均可获得，并且对于 HAL 的注册用户来说，可免费从 www. homeautomatedliving. com 网站下载专区下载。Android 版 App 有两个版本：一个支持语音指令控制，另一个是不含语音支持的通用版。你需要 Android 操作系统版本高于 4.0 才能支持语音指令。应根据手机的操作系统版本下载对应的 App，或者检查一下你的手机系统是否能升级到 4.0 或者 iOS 更高版本。

14.2 使用智能手机和平板电脑控制 HAL

以目前手机进化到的程度来看，现在我们每个人随身携带用来打电话的手机，都等于一台小型计算机。有很大可能，所携带的手机，已经可以用作智能家居之用。即使没有使用智能手机，在第 9 章中已经阐述了使用任意电话与 HAL 交互所需的条件——这些电话包括简单的"老式"手机、固定电话，甚至近乎绝迹的计费式电话。如果选择用智能手机或平板电脑连接到 HAL，可以自由选择使用设备的数据流量套餐连接，或者在有 Wi-Fi 信号时选择用 Wi-Fi 连接。这两者都能为与 HAL 通信提供富余的带宽；不过，若你的数据流量有限额，那么使用 Wi-Fi 更有利。如果知道 HAL 服务器的 IP 地址，含 Wi-Fi 功能的平板电脑或者手机能通过家中的 Wi-Fi 网络进行连接。

14.2.1 启用交互设备服务器

要使用智能手机或平板电脑上的 HALids App，需要在 HALultra 系统设定菜单内启用一个设置，还需要对手机或者平板电脑连接到交互设备服务器的方式做出一点选择。首先右键点击 HAL 监听耳朵，再从菜单中选择 System Settings，然后选菜单中的 Interactive Device Server。在弹出的窗口内，可以选择连接方式，选择是否需要密码，以及选择让 HALids 自动启动。如果你选择了需要密码，那么也是在这里输入密码。第一次设置这些设定时，需要重新启动计算机来重新启动 HALultra，以启用交互设备服务器服务。HALids 是一个独立的服务，要使用它，需要打开它并保持打开。在 HALultra 服务器重启之后，系统托盘内会有一个小电话的图标。

单击这个新图标就会弹出服务器窗口，如图 14.1 所示。

现在 HAL 服务器已经在运行，交互设备服务器功能也已启动，下一项任务就是使用智能手机或平板电脑连接到服务器了。请记住，HALids 应用程序是从电话图标处启动的；它必须从 System Settings 中载入，且该服务必须从 Interactive Device Server 窗口内启动。你也可以勾选 HALids 的 Automatic Start 选项，这样该应用程序就会自动启动。

在 HALids 运行时，下载对应设备的 App，并安装到设备上。

对于 Android 手机，可以直接下载 App，或者先通过计算机下载应用程序，再通过 USB 电缆连接手机，把下载的应用程序从计算机中移动到手机上。点选手机的"文件管理"图标，导航至存放应用程序的目录。选中 HomeNet. apk 文件，开始载入应用程序。注意 HALids. exe 文件也要放在同一个目录内。手机也许拥有安全设定，禁止安装新应用程序；如果是这样，请更改安全设置，允许安装应用程序。当安装完成后，再恢复原安全设置。

14.2.2　在 iOS 上使用 HALids

在 iOS 设备上，点选 App 的图标，并滚动到页面内的 Settings 菜单，如图 14.2 所示。在 Settings 界面内，点选第一个文本域，输入运行 HALids 服务器的计算机的 IP 地址和接口号。接口号参考图 14.1。在正确输入并保存这些设置之后，点选 Connect 项的右箭头，转到下一屏幕。从 Wi-Fi 连接到服务器可能需要一点时间。

图 14.1　交互设备服务器设置在家居
Wi-Fi 网络的 HTTP 10080 接口

图 14.2　输入连接到服务器
和 IP 地址的设置

菜单最上面的项目会显示在下一页中，如图 14.3 所示。如果 Summary 页面最先显示出来，不用着急，只要点选页面最上方 Summary 左边的 Menu 图标即可显示主菜单。

手机上的页面和 HomeNet 网页版是很类似的，不过，该版本在字号上进行了放大，更适合小屏幕设备使用。

点选 Summary 箭头即可打开如图 14.4 所示的页面。

再次点选 Menu，然后点选 Devices 右边的箭头，可以列出你所能控制的、位于各个房间和地点的设备，如图 14.5 所示。

选择 Dining Room 或者其他任意的房间或地点，即可打开新页面，如图 14.6 所示。可以在此开关灯具或者控制其他列出的设备，如果灯具支持调光，还可以使用页面底部的滑动块进行调节。在这个示例页面，我把灯关闭了。

图 14.3 主菜单页最上面部分的显示

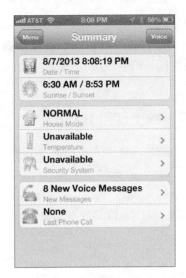

图 14.4 一部分重要家居状态
快速浏览的摘要页

图 14.5 本页展示的是按房间分类
的可以控制的家居设备清单

图 14.6 点选 On 按钮，把灯调至 Off

　　交互设备服务器功能是设计用于在 Internet 的某处远程使用，以及在家居本地 Wi-Fi 网络中使用的。在以下的几个例子中，展示了几个可能在家中用得上的控制手段，首先是控制 Digital Music Center。

　　在图 14.7 中，如果在 HAL iHomeNet 主菜单中点选了 Digital Music 旁边的箭头，就会展示如图所示的画面。在这里可以基于页面上的分类筛选，来选择想播放的音乐。

　　点选 Artists 旁边的箭头，即可显示 HAL 数码音乐中心识别出来的艺人信息，如

图 14.8 所示。点选任意一位艺人旁边的箭头，即可显示你要播放的每一首歌曲。

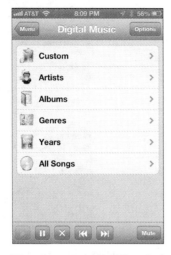 

图 14.7　iPhone 控制数码音乐　　　　图 14.8　音乐分类筛选类别页面
　　　　　中心功能的页面

如果曾经忘记过在下班回家路上买什么东西回来的话，你一定会很喜欢图 14.9 所示的页面。只要在主菜单选择 Shopping 即可打开此页面。向下翻页到最底端，即可看见本选项。

14.2.3　在 Android 上使用 HALids

下一部分简要介绍了在 Android 设备上的 HALids 使用经验。从图 14.10 开始，Android 操作系统显示了手机上所安装的 App。

在下载并把应用程序放置在手机任何一个已知的目录下之后，点选 HomeNet. apk 文件即可安装 HAL App，如本章开头所述。片刻之后，就会看到如图 14.11 所示的屏幕提示。点选底部的 Install 按钮，开始安装。

在安装完成之后，屏幕上会提供运行应用程序的选项，选择它，就会显示出图 14.12 所示的界面。该界面会显示一些默认的信息，它们不一定和你的系统相匹配。

输入你的连接信息，并连接到 HALids 服务器。在 HAL HomeNet 启动画面显示之后，就能看见 Summary 页面，如图 14.13 所示。

使用你的 Android 手机的返回键，从 Summary 页面返回主菜单，然后开始探究主菜单内所罗列的各个项目。HomeNet 页面内的菜单，和个人计算机以及 iPhone/iPad 上显示的菜单是一致的。举个例子，可以在这里选择 Devices 然后控制灯具，如图 14.14 所示。

在菜单中，可以检查或者修改 Current House Mode，如图 14.15 所示。

在刚刚学习的第 13 章中，许多可以在网页浏览器和 HALultra 中进行的控制选项同样也可以通过移动设备和 HALids 进行控制。你可以在出门在外时轻松地选择最适合的控制手段，只要弹指一挥即可控制家中的设备。

图 14.9　通过 HALultra 任何家居成员都可以制作的购物清单

图 14.10　Android 手机屏幕图示

图 14.11　安装前应用程序显示其需要的权限

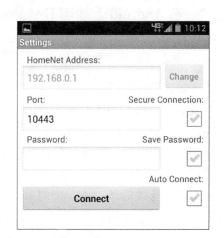

图 14.12　应用程序的默认设置需要一些修改

14.2.4　检查交互设备服务器日志

图 14.16 显示了服务器在载入并启动后的运行窗口。数据更改的事件和动作通知都会被记录下来。如果要检查一些事项，或者需要解决指令执行上的疑难问题时，日志就会很有用。

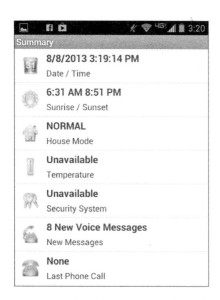

图 14.13　摘要可以对家居状态进行快速检视

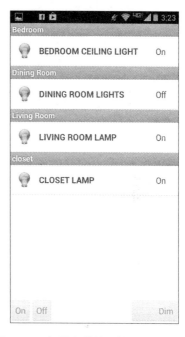

图 14.14　灯具和其他可控制设备的列表

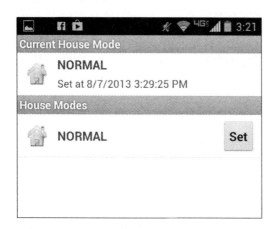

图 14.15　一个家居模式（你可以随需创建任意多个模式，比如"度假模式"或者"日间模式"）

图 14.16　交互设备服务器处理的事件记录

　　以上这些例子展示出了全功能智能家居的全部威力。我们尚未发展到可以"心想事成"般地控制智能家居的程度，但是这些方便易用的控制界面，让我们只需多一步就可以做到，即心想—点选项目—事成，没有比这再便捷的方式了。

第15章

评估宽带和电信公司提供的智能家居服务

自食其力建立智能家居系统固然值得赞许，不过对于所有想受益于智能家居技术的人而言，这未必适合他们。有许多公司已经准备好满足你的部分乃至全部的智能家居管理、监控的需求。美国的主要电话公司和加拿大的部分电话公司已经发现，帮助普通的房主监控和管理智能家居系统是有利可图的。这种"外包"服务的性质，对于那些惧怕高科技的人来说，可能极富吸引力。让别人来安装、支持、监控一个智能家居系统，这肯定不是典型的 DIY 主义者首选的方案。但是随着时间推移，雇佣一个可信的人每天 24h 帮忙监视，尤其在警报方面进行监视，这种构想即使是对于坚持从头开始自制智能家居平台的人而言，也是极富吸引力的。对于监控和管理智能家居系统而言，市场上已有大量服务可供选择。这些监控的选项范围既有低至 10 美元一个月的，也有高至近 100 美元提供多项服务的。系统的安装亦可以基于分期付款购买，这样不需要为硬件提前付费，其费用则计入合同的月供之中。比如在本书出版之时，AT&T 新推出的数字生活服务（Digital Life Service）每月收取 70 美元，且需提前为硬件设备支付 3919 美元。此价格不含税以及安装费用。由于选择的余地很大，所以在打电话商谈合约之前，建议你务必货比三家。在任何情况之下，作为一个消费者，最好先考虑好个人对服务的期望，并把个人的特定需求记录到纸上，然后再去对比众多公司和经销商所提供的智能家居管理或监控服务。

现在，向消费者推销合约的流行方法称为"服务套餐"。你很可能已经对 Internet、电话、有线电视或卫星电视的服务套餐感到很熟悉了。警报监控公司也在智能家居的范围内分有一小杯羹，他们提供对家居安保系统的监控和管理服务，但是除了简单的安保监控以外，很少提供主营范围外的服务。而在一段时间之后，有线电视商和电信服务商也开始试着提供附加服务，来对智能家居进行管理。有一种观念认为，智能家居只适合那些特别有兴趣的人以及富人，而智能家居管理和监控服务并不是每个一家之主最要紧的事项，这种观念构成了踏入智能家居的壁垒。而这些公司宣传的服务物美价廉，还有量身定制的增值服务，并让顾客更加注重某些让人信服的价值，例如，安全、能源管理，以及生活方式。这样的服务更具有激发消费者兴趣的潜力，并增加对该种服务的需求和使用。

15.1　对监控和管理服务提供商的甄别准则

无论签订什么安装或服务协议，对你而言，知道这协议所关联的内容至关重要。对提供的项目越熟悉，就越可能为自己的选择感到满意。在下面几个章节里，本书简短地论述了一些准则，帮你决定在中意的警报监控公司到全套包管的智能家居管理监控服务之中做出选择。

15.1.1　市场服务区域

站在服务提供商的角度上看，他们很希望能把产品和服务推广到全球范围。但是，某些业务、经济和管控方面的现状对其造成了阻碍。有很多要素都可能使得一家公司无法在邻里范围内提供智能家居服务，所以你家附近区域内的服务提供商若表示爱莫能助时，你应该有心理准备。当打电话咨询从简单监控到复杂智能家居管理的问题时，首先要问，"贵司是否在我居住的镇上提供监控或者管理服务？"可能需要给几家可供选择的服务商都打电话，以列出一个在你家区域内可选的服务商清单。如果你住在人口稀疏的乡镇区域，服务商清单可能只能列出寥寥几家。尽管你的确也可以靠查电话白页或者黄页来进行调研，但通过 Internet 来调研也许会更加高效地发现在你家区域内值得考虑的服务提供商。

15.1.2　私有技术

本书综合起来的主题就是，避免把你自己以及你的智能家居系统局限在一种私有技术之内。私有技术和系统代表着只有一家供应商制造或提供的产品能与你的系统相匹配。单纯来看，这未必是坏事；但是这会产生潜在的限制，即在你想解决智能家居中的某些问题时，很可能这家私有技术供应商无法提供可以解决问题的产品。某些技术——我们姑且称为"半私有技术"——也可能会面临相同的问题。半私有技术的含义是，这种技术授权给其他厂家制造，所以可能有多家供应商制造和贩售此类产品。但是这些厂商在总体上而言，可能依然无法提供足够多的产品类型来满足你的要求和需求。私有技术的另一个问题是，它可能没有连接其他设备的接口，或者虽然有却只能连接指定的几种，这就阻止了你尝试连接其他设备的可能。只要你完全理解并可以接受现有产品和服务的限制，那么局限在一套私有技术产品线内并没有问题。要评估这一点的话，只要向你的供应商询问提供的是否是私有技术产品即可。如果得到的回答模棱两可的话，就询问他们推荐的智能家居系统是否兼容 X-10、UPB、INSTEON 等硬件，这样就可能得到所需的答案了。要留心的是，你可能会面对一大堆听起来让人头晕的技术名词和缩写。但是不要害怕。只要好好地记录下来，进行调研即可。通常来说，服务提供商已替你做了大量的研究，而且也已经选好了为他们的服务奠基的最佳技术。对于你或者他们，这都是最符合利益的，因为这代表着他们提供的服务通常是稳定的、易于安装的、性价比高的，而且未来有升级空间的。

要评价一家备选的服务提供商，还可以询问一系列基于解决方案的问题，比如"你们有没有可以管理我室内温度、给闯入者录像，修改我手机行为反应的小工具？"只要是能支持特定要求的问题，都可以问。如果你被限制在某一家服务提供商的私有解决方案里了，那么应至少留心其潜在的限制点和其后果，以及该商家提供产品的优点和好品质。要记住，一个商家使用了行业标准的技术，并不代表其最终产品可以和其他家的产品协同工作。对于开放的行业标准来说，ZigBee 是个绝佳的例子。有一些服务商使用了这种技术，但是最终的产品是私有技术，只能和它们的其他产品搭配使用。

15.1.3　基于个人计算机或者基于控制器

你一定想知道，他们提供的解决方案究竟是像本书中所述的那样基于计算机构建，还是基于只有有限可编程性的控制器构建。第三方智能家居服务提供商供应的方案，可能会包括在个人计算机上运行的商业版 HAL，也可能是其他与其竞争的、运行在个人计算机或者 Linux/Unix 计算机上的智能家居软件。另外，他们的控制和服务设定也可能是通过功能有限的控制器盒子或者入口设备进行设置。作为一个 DIY 爱好者，你可以活用基于控制器的解决方案，组建一个混合式的系统——只要该控制器在硬件层面上使用的是兼容 HAL 的协议，如本书前述即可。这种方法让你可以取得或者维持对某些功能的控制，例如家居模式。对于某些智能家居的狂热爱好者而言，混合式系统可能构成一种"兼取两者长处"式的解决方案，这样服务和安全监控都可以外包出去，而功能的管控仍然掌握在户主手中。

15.1.4　初始安装成本

我觉得，说这本书里提及的种种项目的规模，超出了大多数电话公司和有线电视公司提供的典型入门级设备，并不为过。

在本书撰写时，在家居监控和管理的市场上有四种较为流行的成本模型，大约可以对应这四种套餐样例。如果你决定寻求管理自家的系统上的帮助，那么在寻求第三方智能家居管理或监控服务时，可以用这些作为成本对比参考。

1. 成本模型 1

第一个例子，比如说，你的 Internet 服务提供商可以提供一个最初的智能家居入口设备，还有一些例如网络摄像头和调光控制器之类的小部件——如果你订购每月约 10 美元的 Internet 连接组件并满足最低时长，即可以 150 美元的价格获得以上智能家居部件。而对系统任何进一步的自定义，都由你自己完成。在这种方案下，服务提供商可能已经从你的 Internet 服务中获得了收益，而给的增值服务是一个简单易用的入口设备，其"监控和管理"的任务则留给你来完成。服务提供商可能只需要负责保证您的智能家居入口设备正常运转即可。

2. 成本模型 2

在第二个方案下，初始成本可能会被一个定期合约替代，成本是每月 40～60 美元。不过，这方案可能包括购买一个价值 1000 美元左右的增值设备礼包，而且可能还能在控制设备安装费和已购买的设备上获得折扣价。

3. 成本模型 3

在第三个不同的方案下，你的初始设备成本可能会被滚动计入一个 3 ~ 5 年的合约之中，这样初始的开销会比较低，而设备则由户主按需购买，然后再基于设备，每月的开销渐渐进行上调。根据设备租赁或分期费率的不同，合约的月费最低可能是 22 美元，也可能高至 70 美元。签订这种合约的话，在到达 3 ~ 5 年之时，设备可能会归户主所有。这个成本模型通常也包括一个提前终止条款，让本来按期计费的合约可以立即终止。

4. 成本模型 4

第四个例子涉及的成本模型为：你已经拥有了设备，只需要对你的报警器情况进行全年全天候的监控，并在警报激发的时候向你、安保公司或者警察发出通知。你最少只需要每月 10 美元即可获得简单的监控服务，如果发生情况就会自动拨叫固定电话或者手机号码，以通知监控公司。你可以把这个作为 HALultra 的未来 DIY 项目：自行设置对发生情况时的反应，并设置系统呼叫警察、你的手机、911 报警电话、监控公司以及你的邻居。对于在意实惠的 DIY 一族而言，这种"仅监控警报"的模型可能是最省钱的选项。

15.1.5　月供服务费

关于费用方面需要回答的问题就是，以最低成本维护的一个简单的警报监控服务管理，对于一个普通的房主或者住户而言有多大的价值。若是只基于价格，那么对于购置智能家居监控服务或者管理服务的对比是很简单的。而现实是，价格的差异通常至少会在真实价值或感知价值上造成一些微小差异。然而价格不应该是做对比时的唯一考量。请列一份你所需要的功能的清单，然后与那些"锦上添花"的功能进行对比，以帮助你基于自己的需求来确定谁家的服务价值最高。然后再决定要与谁签订合约。你也可以让一家服务提供商帮助你进一步了解智能家居，让个人需求更为精确。收集这些相互竞争的服务合约信息的最佳时机，就是在预售讨论的时候。经验告诉我们，销售人员接听电话的频率比多数公司的咨询处人员更高。

15.1.6　合约期限

合约的期限根据服务提供商的不同而不同。当你对合约持续时间货比三家时，最好打印出条款的细则进行检查，例如，里面是否涵盖了"提前终止条款"，以备搬家或者个人情况变化时之需。花些时间和精力了解一下你的义务条款有什么，然后再签署合约。通常来说，如果你获得了初始硬件且一开始的开销并不算大，那么签一份 2 ~ 5 年的合约就是很典型的了。

15.1.7　持续服务支持的级别

根据服务商不同，服务级别也会差异巨大。这个问题的组成部分之一，就是能否得到受过智能家居培训的服务人员的帮助。他们是否是通过远程连接的方式维护你的系统？他们能否通过给您家打电话的方式修复损坏的组件？他们的服务人员驻地离家有多远？提供技术支持的时段在什么时间起止？您可以把想问的和服务相关的问题都列出一个表来。如果智能家居系统故障，维修是需要缴费，还是每月的服务费已经包括了呢？

15.1.8　安装人员的竞争力和技术支持的质量

你的设备安装的标准是需要重点关注的内容，如果你打算靠安装的智能家居系统实现家居安保的话，就更有必要关注这一点。普通的有线电视安装承包商也许可以安装和设置电话和电话调制解调器，但靠他们来给警报系统布线，你心里肯定会犯嘀咕。而且考虑到布线方面，有可能线路可以达到让设备正常工作的水平，但达不到电气和建筑规范要求的水平。有一些关键的事项是需要打个问号的，其中包括让谁来安装——是自己作为 DIY 爱好者安装，还是让提供服务的公司安装，或是让第三方承包方安装？在决定这一点之后，下一步的问题就是关于个人资质认证的事了：安装人员是否有执照，是否有合适的职业证书？安装和维护智能家居系统所需的机能横跨了数个我们认为很典型的职业和技能，其中包括电工、网络技工、计算机技工、电话技工、警报安装工，甚至可以把程序员也加进去。请花一点时间，把困难的问题提前问好，为你的安装预期和技术支持打好基础。

技术支持的真正价值，是由第一次通电话来决定的。支持技术人员是否对你家中安装的设备正常运作方面了若指掌？当组件出现故障时，技术人员是否有足够的技术和经验进行错误排除，并提出独到的病因见解？如果你能感觉到技术员只是在照本宣科，那么这项服务对你而言可能没有太多价值。要了解技术支持的质量方面的信息并加以比较是很难的，但是你依然应该问一问。

15.1.9　监控或管理中心的地理位置

在和一家监控公司签合约前，我最想知道的是执行监视的地点是哪里，以及那里主要讲什么语言。那些以 Internet 作为沟通媒介来监控和提供服务的公司遍地都是，它们以此来减少成本，但你也应该考虑到，这种方法在 Internet 断网时会让你陷入风险，或者因为沟通不畅无法相互理解，而且可能会让你心爱的人遭遇危险。在我的一项对比中，对于那些地理上距离我很近，同时又提供全国范围服务支持的公司，我会为它们额外加分。以我的评分标准，在每个州（或省）都有监控中心的监控公司，比只在世界某一个地方有一个中央地点的公司更有价值。虽然服务提供商不太可能告诉你，但是作为一个此类服务的潜在顾客，拥有并知悉额外的监控中心的位置和通信方式总是一件好事。

15.1.10　被监控的包括什么？

在选择合作伙伴安装并监视系统时，或者在与他们合作管理混合式系统时，最重要的事是了解受到监控的是什么种类的事情，以及哪些空间、哪些房间会受到监控的保护。以下列出了任何家居都应该监控的重要事项：

1）烟雾；

2）一氧化碳；

3）室温；

4）非法闯入/入室盗窃；

5）湿度；

6）砸玻璃；

7）医护事件；

8）电量不足；

9）对警报的反应；

10）对错误警报的反应。

有些公司提供范围宽泛的警报的反应，其中包括所有上述的事项，并对每一种类型警报可以自行定制反应的方式。其他的公司则专攻一业，把焦点放在一个小的子集或者仅仅一种事项上，比如监控医护事件。

15.1.11 提供的服务之中，哪些得到了管控？

同理，你需要在该公司提供的服务之内评估他们在控制上所提供的服务，以及他们所管控的事项。同样，考虑使用他们提供的 Internet 网关解决方案可以管理哪些内容，也是很重要的。举例来说，如果你家里有多个 HVAC 区域，而室温管理功能只能管理一个恒温器，那这种解决方案对你就没太大帮助。受欢迎的智能家居管理服务通常包括如下内容：

1）恒温器；

2）门、窗、运动警报；

3）安全监控摄像头，或婴孩/保姆监控摄像头；

4）独立式或一小片区域的灯光或家电控制；

5）成熟的安全警报系统。

成熟的委托管控智能家居系统通常已经万事俱备。所以安装、编程、使用教学、维护，甚至对于自动化设置的增添或改动已经全部涵盖在你的月费中了。对于委托管控的系统，在你的预期之中，服务提供商不仅要监控安全系统的警报情况，也要监控智能家居的每一方面。这样做是为了保证基于其安装的多种自动化硬件设备，以及如计划任务、规则和宏指令等自定义的设置下的完善运作。管控式智能家居系统的提供商通常会对于你的系统存在的潜在问题进行修复，而不是出问题时才反应。这是因为他们的系统拥有内嵌的例行流程，可以定期提供你的智能家居系统的健康程度和状况。而如果你的服务提供商能够提供远程管理来尝试解决系统问题，那就比每次出故障都要派遣维修卡车上门划算得多。典型来说，管控式的智能家居服务提供如下的内容：

1）安装选定的自动化设备；

2）为设备编程、自定义设置；

3）监控安全系统；

4）在安装现场以外备份智能家居设置和其他的记录；

5）远程对编程进行修改或增添；

6）对智能家居系统和其他相关软件的远程更新；

7）远程诊断通过服务监控发现的故障；

8）24×7 式客户支持。

15. 1. 12　多方面的考量

你可能有一些或者许多自己关注的事项，需要在评估选择哪一家公司提供的智能家居管理和监控服务的时候进行考量。上述的列表并不能涵盖在选择管控式智能家居服务商或者监控公司时需要关注和考虑的所有内容，但是它涵盖了最需要进行比较的核心事项。

15. 2　对未来提供新服务的预期

全功能智能家居和监控服务的市场正处在发展的早期，与 Internet 服务这样成熟的商品市场不可同日而语。可以预计，在五年的时间内，许多新老服务商都会踏入智能家居服务的赛场，带来更加复杂、更加完整的智能家居服务。

15. 3　提供智能家居和监控系统（或服务）的主流公司

作为一个自己动手的 DIY 主义者拥有的优势是，你可以搭建出一个足以匹敌，甚至超越现今由其他方面提供的入门级或者中级的智能家居系统。搭建一个珍贵的智能家居系统，并不是一项完全需要等待或依赖他人为你完成的事情；但是，如果你想找一家大名鼎鼎的企业为你搭建系统，或者只是想寻找一个合作伙伴帮助你监控，那么就可以从以下的清单找到。本章的清单并未完全包括市面上提供服务的公司，而且本书作者和出版方也不为以下公司提供担保。提供他们的目的是为方便您在寻找可信赖的合作伙伴时顺利起步。他们在网站上发布的营销文案和演示资料，可以让你了解目前提供服务的情况的最新信息。有关他们提供的服务的信息，可以帮助你与你特定的需求进行明确的对比。请使用前一章节提供的列表，以及其他自己考虑在内的事项来评估，究竟哪一家公司最符合你的需要。

1）ADT，http：//www. adt. com。

2）Alarm Relay，http：//www. alarmrelay. com。

3）AT&T Digital Life，https：//my- digitallife. att. com/support/digitallife。

4）Bright House，http：//support. brighthouse. com/Article/Home- Security- And- Automa-tion-10217。

5）Comcast Xfinity，http：//xfinity. comcast. net。

6）GE Home Security，http：//www. gehomealarmsystems. com。

7）Protect America，http：//www. protectamerica. com。

8）SecurTek—SaskTel，http：//securtek. com。

9）Time Warner Cable，http：//www. timewarnercable. com/en/residential- home/intellig-enthome/overview. html。

10）Verizon Home Monitoring and Control，https：//shop. verizon. com/buy/Monitoring-Energy- Saving/Home- Control/Verizon- Home- Monitoring- and- Control/cat30006。

寻找智能家居管理和监控的合作伙伴可能需要花一些时间，因为您需要理清他们提供的种种选择的详细内容，并评估提供这些服务的公司。请务必为此付出充分的时间，以保证在合同的效力期内，你的所有需要都能够得到满足。

第16章

增添未来自行设计的智能家居项目

如果你能想象得到自己生活在高度自动化的家里是怎样一番模样，那么只要你把自制的项目一个一个地完成，这种设想就可以成真。在跟着前面15章的内容做下来之后，你已经收获了许多关于设计、计划和实现自己的智能家居项目的知识。当你能把自己的自动化控制需求具体化时，构建它所需要的模块就可以轻松地靠购买现成的组件，并组装到你的系统来实现，从而让你独一无二的智能家居项目构想成为现实。最基础的构建模块就是HALultra，它能为你所想得到的控制结果提供逻辑、数据存储和行动平台。下一步就是把这个控制平台与一个或者多个可以与目标接口模块通信的协议相适配，与目标控制模块通信，启动该设备，获得你想要的结果。这个过程和目前能够使用的一切技术都是同理的，且有可能和任何的新产品或改良产品或者新的通信技术有相似之处。

16.1 设计步骤

要把新的自动化行为添加到现有的系统中，需要进行几个步骤。在知道自己的控制目标之后，你需要找到、安装、设置这些实现该控制行为所必要的部件。

下面是"设计与行动"的8大步骤清单。

1. 明确定义你想要的结果

开始着手进行你的项目时，头脑中一定要有对自动化所希望得到的结果。你想要自动化的过程或者事情是什么？比如你在仓库的入口通道有一个手动卷帘门，想让它在每天晚上8点的时候关上，但是又需要它在车道进车时自动打开。如果卷帘门现在是手动关闭的，那么项目的第一部分就是安装一个电动机来开门和关门。在电动机安装完成后，你需要使用现有的或者最适合的协议，把门控电动机的控制接入你的系统。如果有哪些控制模块适合你的应用情况，且具备你已经拥有的控制接口，那么就使用它，除非你有一个不得不增加新型接口的理由。

有一些现成可用的解决方案可以和车库开门机、花园洒水器这类半自动的器具进行通信，所以在使用这种组装完就可以使用的部件时，可以节省一些设计和计划的时间。

2. 确定启动的条件或时间

在下一步里，你需要定义触发行为的条件或者时间。举个例子，比如让卷帘门晚上 8 点关上，早上 8 点打开。又或者，你希望的是给自家的地下室抽水泵加设一个备用系统，在集水槽内的水位过高时参与泵水。无论你的条件是什么，它都会触发自动化过程，以得到新的结果。以上面的地下室抽水泵为例，你需要有一个受到自动化系统所在计算机监控的水位或者湿度传感器或者浮标开关。某些传感硬件设备必须是系统的组成部分，除非这些行为只要按计算机内的时钟执行即可。在传感设备触发了软件的行动之后，计算机需要对受控设备发出行动信号。以卷帘门的例子来说，到达预设的时间后，就会启动控制过程，为卷帘门提供电力进行开关门运作。

3. 选择协议和接口模块

下一步是决定需要使用的协议和控制接口模块。是用 UPB，还是用 Z-Wave 这样的无线协议？你是否已经在系统上拥有了接口模块？除非你在技术上或者性能上有着充分的理由去为你的系统新增一项设备以及协议，否则最好的选择永远是活用现有的模块。当你的现有系统无法控制实现新行动所必要的模块时，才是增添新型控制器的时候。你有必要了解，对于一项特定的协议，究竟可以控制哪些设备。你也许会想在自己的项目中使用 Z-Wave，但是如果没有支持 Z-Wave 的设备，就必须选择目前为你的应用环境下制造的设备和协议。

4. 选择实际的控制设备

在协议和接口模块选好之后，下一步就是寻找控制模块或者对你的特定应用环境下最为适合的模块。很多时候，你可以从许多品牌、许多不同风格的控制模块之中进行选择。如果你的项目是要检查地下室中的上升水位，那么有很多经销商都有能满足你需求的模块。你的项目可能还需要包括两个组件：一个条件传感设备，一个执行设备，例如用来起动地下室抽水泵的开关模块。你可能想要（或需要）对项目的传感部分使用一种协议，而在行动部分使用另一种协议。这正是 HAL 控制平台诸多便利的方面之一，因为它并没有严重依附于任何一种协议、产品、制造商或者产品系列。

5. 定义行为逻辑

下一步就是画出事件触发之后，每项事情发生的逻辑顺序。行动的步骤必须要输入到 HAL 的 Automation Setup 里，以"如果-就"（IF-THEN）式的条件指令进行储存。可以把这想象成推倒多米诺骨牌的过程：一件传感器事件，然后是另一项行动事件，然后是反馈，然后是其他种种需要采取的行动。

6. 获得并安装控制设备

在安装你的控制设备时，务必遵照适合你项目的土木、电气和安全规章。如果不确定，务必做一些调研或者咨询业内人士。许多从业者都很愿意给积极的 DIY 主义者提供建议。如果你还是不愿意进行此类工作，那么可雇佣一位持有执照的专门业者来安装这些控制设备。

无论是本书，还是你未来的智能家居中所涵盖的任何项目或者工作，保证安全永远是需要放在第一位考虑的事项。

7. 在 HAL 中设置数据，实现功能

对于几乎每一种能受 HALultra 控制的未来的自动化项目，都可以沿用这种相同的设计和实现模式。这些数据设置包括前几章中提及的步骤。

连接任何新的控制接口之后，首先要在控制数据库中确定你所要控制的特定设备。通常之后需要使用 Open Automation Setup Screen 来设置该设备的控制参数。

8. 测试其行为

最后一步是测试该行为过程。以上述的地下室防淹保护为例，你可以让系统关闭主抽水泵，以让水位上升到足够浸湿传感器，起动备用抽水泵，并通过电话或者电子邮件通知你，触发事件已经发生了。无论你在设置中设计了怎样的逻辑顺序，都需要进行测试，以保证你在不在场时，这些动作依然能正确执行。测试还可以发现 IF-THEN 指令逻辑之中的问题。

16.2 流行的智能家居系统附加硬件

本节展示了几种更受欢迎的、可以与你的智能家居控制系统对接的设备。本节收录的是大多数市面上可买到且受欢迎的附加硬件，但并未全部收录。

16.2.1 使用额外的 UPB 设备让你的系统进一步扩展

在第 6 章中，控制的目标是台灯、照明灯和家电。UPB 是一种既优秀又易于使用的协议和技术，可以拓展你的自动化控制平台的适用范围。并不需要太多想象力，就可以想到利用 UPB 来控制任何"非开即关"式的设备。

市面上有售的、可以拓展你的自动化控制范围的 UPB 控制设备包括：

1）照明开关——控制开、关、明暗；

2）台灯控制模块——控制开、关、明暗；

3）家电模块——只控制开、关；

4）恒温器——提供精细的控制；

5）线控亮度开关——控制整间室内所有照明的亮度开关；

6）场景控制器——远程控制其他模块；

7）二位双孔插座——只控制开、关；

8）线控继电器——可以使用 120V 的电路控制更高电压、更高电流或距离更远的负载；

9）UPB/X-10 无线遥控集线器——可以用来把 X-10 无线遥控设备，例如钥匙环式遥控器，映射到门廊灯上；

10）从动开关——为多开关控制的负载提供基础的开、关、明暗控制；

11）低压输入输出模块——允许感应或者控制低压电路。它们可以用来感应警报，比如窗户或门处的入室盗窃警报，或者监控门铃线路，在有人按了门铃时向智能家居系统汇报。

在未来的项目中使用 UPB 的一部分好处包括简洁而不损失控制性、高可靠性或低廉的价格，而且还可以通过增加额外的设备来让其发挥最大作用，管理家居日常中大部分无聊的自动化事项。

16.2.2 使用 INSTEON 设备和工具拓展控制范围

与 INSTEON 兼容的设备也是为你的智能家居平台增加可以控制的家居设备的好选择之一。使用 INSTEON 的好处之一是：在其提供的工具组之中，已经包括了对于一种特定类型的项目必需的全部部件。

你未来可能考虑增加到系统的 INSTEON 设备可能包括如下设备：

1）照明开关；

2）开关家电用的开关；

3）风扇和照明控制；

4）车库门控制和状况工具；

5）射频/无线传感接收器；

6）砸窗警报传感器工具；

7）门铃报警工具；

8）低压继电器控制器；

9）光电感应入门警报；

10）门锁撞针工具；

11）可编程恒温器；

12）近距离射频钥匙读取装置；

13）高低温警报工具；

14）以太网开关控制开关；

15）雨水传感器；

16）冰冻传感器；

17）积水或漏水传感器；

18）蓝牙控制接口。

16.2.3 通过额外的 Z-Wave 设备扩大控制区域

Z-Wave 受到家居布线业的主要供应商之一的支持。Leviton 提供的设备类型包括：

1）墙壁开关；

2）灯光调暗组件；

3）Wi-Fi 接口控制器；

4）门栓锁；

5）游泳池/水疗控制；

6）恒温器；

7）双孔插座；

8）家电控制；

9）墙壁调光开关；

10）运动/光线/温度传感器；

11）户外照明控制；

12）室内警报；

13）窗户传感器；

14）钥匙链遥控器；

15）电能表；

16）水阀；

17）温度和湿度传感器；

18）调光遥控器；

19）风扇速度控制器；

20）组合遥控器。

16.2.4 使用红外线遥控

可以控制电子设备的红外接口也有很多。可以为未来的项目考虑的型号之一是 Global Cache 公司提供的可获得局域网 IP 地址的接口。Global Cache 公司的 GC 100 系列红外线网络适配器可以提供 3 或 6 个红外传感器/输出接口。

16.2.5 用智能家居的接口提升安全回应

有一种很合适的安全警报工具，不仅价格低廉，而且可以构成非常有趣的项目；这个工具就是 GE Concord 硬件线路/无线工具。

ELK 的 M1 系列产品，以及众多其他的安全系统也可以由授权分销商和经销商安装，或者由安全监控公司来安装。许多商家会提供与你的智能家居系统对接的能力，并收取一定的额外设置费用。

通过连接安全控制，你可以极大地增加触发警报后对其回应的种类。在警报被触发时，会有电子邮件或者电话通知你，或者电话通知你的邻居或邻里监视员来看一看你的房屋究竟出了什么事。在警报系统监控公司联系第一反应人时，可以播放一段狗叫的录音。以上这些选项价格都很实惠，而且对潜在的安全威胁有很好的效果。

16.3 设置相互关系

在扩张智能家居系统的设置以扩展控制的广度时，你可能偶尔会需要根据现有系统设置来对新的接口模块进行安装。安装向导就是增加新接口时的起点。如果你是一章一章地跟着做下来的话，可能已经注意到在 HAL 安装向导之中，有一个界面对于控制选项中会包含哪些设备的接口起着重要的作用。在新的控制模块已经注册到 HAL 软件中后，你就可以开始使用并控制那些可以使用新协议通信的下游设备了。在本章内我们主要讨论了 X-10、UPB、INSTEON 和 Z-Wave 这些控制协议。对于这些控制协议中的任何一个，都已经有切实可用的产品在市面销售，在你的智能家居设置之中既可以执行例行任务，也可以以创新的方式进行应用。若你使用了计算机平台和 HAL 软件，那么至少已经在一定程度上让你在智能家居上的投入为未来做好了准备。有了计算机作为中央控制器，要增加新协议、新模块和新设备都容易得多，因为你不再被一种协议所局限。

16.4 总结

本章中的设备列表和少量的推荐产品目的在于让你考虑把维护自制的智能家居系统作为一项长期的兴趣。通过使用多用途的、可以在时间和金钱允许的情况下向新用途拓展的 HAL 软件平台，成为一个成熟的智能家居爱好者可以为你接下来的数月甚至数年保持一个有趣而且充满回报的兴趣爱好。依靠自己来进行扩展项目，可以极大地降低开销，并给你一个完全知晓、了解的智能家居系统。清楚、了解智能家居技术提供的广泛可能性，并对目前现有提供的产品有所了解，也能让你有能力向他人伸出援手，给别人提供建议，让他们也能从生活空间之中的科技得到更多的益处。祝贺你从今天开始踏上实现智能家居的未来之路，祝你一路顺风！